乡村全面振兴视角下生态产品价值实现的理论与实践

崔奇 俞海 耿润哲 等◎编著

中国环境出版集团·北京

图书在版编目(CIP)数据

乡村全面振兴视角下生态产品价值实现的理论与实践 / 崔奇等编著. -- 北京：中国环境出版集团，2024. 12.
ISBN 978-7-5111-5938-0

Ⅰ. F323.22

中国国家版本馆 CIP 数据核字第 2024W6Y693 号

责任编辑 田　怡
封面设计 镂云开月（北京）文化有限公司

出版发行 中国环境出版集团
（100062　北京市东城区广渠门内大街 16 号）
网　　址：http: //www.cesp.com.cn
电子邮箱：bjg1@cesp.com.cn
联系电话：010-67112765（编辑管理部）
010-67112738（第六分社）
发行热线：010-67125803，010-67113405（传真）
印　　刷 北京中献拓方科技发展有限公司
经　　销 各地新华书店
版　　次 2024 年 12 月第 1 版
印　　次 2024 年 12 月第 1 次印刷
开　　本 787 × 1092　1/16
印　　张 10.25
字　　数 162 千字
定　　价 60.00 元

【版权所有。未经许可，请勿翻印、转载，违者必究。】
如有缺页、破损、倒装等印装质量问题，请寄回本集团更换。

中国环境出版集团郑重承诺：
中国环境出版集团合作的印刷单位、材料单位均具有中国环境标志产品认证。

前 言

中国式现代化是人口规模巨大的现代化，是全体人民共同富裕的现代化，是人与自然和谐共生的现代化。我国有超过 14 亿的人口，其中农村人口约 5 亿人，推进农村地区和农业发展全面绿色转型，完善城乡融合发展体制机制，实现乡村全面振兴，探索走出一条生产发展、生活富裕、生态良好的城乡共同繁荣发展道路，是中国式现代化的必然要求，也是建设美丽中国的重要内容。

2023 年 7 月，习近平总书记在全国生态环境保护大会上强调，“牢固树立和践行绿水青山就是金山银山的理念”“拓宽绿水青山转化金山银山的路径”。2023 年 12 月，《中共中央 国务院关于全面推进美丽中国建设的意见》明确提出健全生态产品价值实现机制，建设美丽乡村，统筹推动乡村生态振兴和农村人居环境整治等重点任务。2024 年 7 月，《中共中央关于进一步全面深化改革 推进中国式现代化的决定》中将“健全生态产品价值实现机制”作为深化生态文明体制改革，健全生态环境治理体系的重要任务予以明确。

农村地区蕴含着丰富的生态资源和生态产品，是我国生态产品价值实现潜力最大的地区。生态产品价值实现机制是生态文明制度建设的重要组成部分，推动乡村生态产品价值实现是生态文明建设实现新进步、推进乡村全面振兴的破题之举，是对绿水青山就是金山银山理念的深入实践，是正确处理保护与发展辩证统一关系的中国方案。

本书在深入挖掘、梳理党的十八大以来各地探索生态产品价值实现机制模式的基础上，力争做到实现理论和实践相结合、科学总结和通俗易懂相统一，是一本面向大众的学习读物，案例取材主要来自实地调研、党媒党刊和政府网站的权威报道。全书共 8 章，整体上分为三个部分，第一部分为理论内涵，从概念定义和内涵外延入手，围绕生态产品价值实现与乡村全面振兴的发展脉络与政策逻辑进行梳理，分析了两者相辅相成的关系。第二部分为第二章至第七章，以理论阐释和典型案例结合的方式，分别围绕乡村生态振兴、产业振兴、文化振兴、组织振兴和生态产品价值实现的契合点，从以下几个方面组织章节内容，一是良好生态是乡村振兴的支撑点，建设美丽乡村是生态产品价值实现的重要基础和生态振兴的关键环节；二是大力推进农业供给侧结构性改革，将生态产品的价值附着于农产品、林产品等的价值中，提高生态溢价；三是充分发挥农业生产、生态、社会和文化等多方面的功能，通过生态产业化培育产业振兴绿色动能；四是挖掘和发扬传承中华优秀传统生态文化，促进乡村文化振兴和生态产品价值显化；五是积极构建新型工农城乡关系，实现城市与乡村间的绿色互动，作为畅通城乡要素流动、推进生态产品市场对接的重要驱动力；六是加强政策保障，找准实施乡村振兴战略、实现共同富裕的重要着力点，强化基层治理体系和治理能力现代化建设，完善农村生态产品价值实现机制。第三部分为第八章，总结当前在全面推进乡村振兴的时代背景下乡村生态产品价值实现的问题与挑战，并提出相应的政策建议。

进入新时代，深入学习贯彻习近平生态文明思想，健全生态产品价值实现机制，以此为抓手加快推进乡村全面振兴，并在乡村全面振兴的实践中探索完善生态产品价值实现机制和路径模式，对于全面推进美丽中国建设、建设人与自然和谐共生的现代化具有重要意义。本书述论结合，尝试以理论指导实践，以案例诠释观点，以期提高公众对农村地区生态产品价值实现的认识和关注，为加快培育农村高质量发展新动力、塑造城市和乡村协调发展的新格局、打造人与自然和谐共生新方案提供思路借鉴。

作者

2024 年 12 月

目 录

第一章 理论内涵 // 1

第一节 生态产品价值实现的理论探析 // 3

一、生态产品及其价值实现 // 3

二、乡村振兴与生态产品价值实现是相辅相成的关系 // 5

第二节 乡村全面振兴的理论指引 // 7

一、乡村振兴是世纪性的国家战略和长期性的历史使命 // 7

二、全面推进乡村振兴的主要内容 // 7

第三节 乡村振兴与生态产品价值实现的政策脉络 // 8

一、乡村振兴 // 8

二、生态产品价值实现 // 9

第二章 美丽乡村建设赋能乡村振兴 // 13

第一节 理论基础 // 15

一、建设美丽乡村是乡村全面振兴的重要引领 // 15

二、筑牢农村“美丽本底”是实现生态产品价值的前提 // 17

三、推动美丽乡村建设的战略重点和重要路径 // 18

第二节 典型案例 // 20

一、“千万工程”：创造浙江省全域推进乡村全面振兴成功样本 // 20

二、上海市亭林镇：打造全镇土地综合整治扩容增绿样板 // 23

三、莲西绿化：生态修复让荒山变青山、叶子变票子 // 25

四、云南大理：擦亮苍山洱海，人居环境更美好 // 28

五、浙江永嘉：环境整治提颜值，美丽乡村入画来 // 31

六、四川大邑天府共享旅居小镇：煤炭小镇蝶变绿色小镇 // 33

第三章　农业供给侧结构性改革与生态产品供给 // 35

第一节　理论基础 // 37

一、农业供给侧结构性改革是乡村全面振兴的重要内容 // 37

二、农业供给侧结构性改革是实现价值显化和增值的重要手段 // 38

三、推进农业供给侧结构性改革的关键着力点 // 40

第二节　典型案例 // 41

一、安徽岳西："中国有机农业的摇篮"——推进绿色发展，增强农业可持续发展能力 // 41

二、山东菏泽：一朵花激活一座城——发展特色农业，提升品牌溢价效应 // 44

三、上海金山：智慧农业——推进创新驱动，增强农业科技支撑能力 // 47

四、河北迁西：花乡果巷田园综合体——推进农村改革，激发农业农村发展活力 // 50

五、山东蒙阴：生态循环产业链条——推动农业转型升级，提升农业生态产品价值 // 52

第四章　农业多功能性与乡村振兴 // 57

第一节　理论基础 // 59

一、发挥农业多功能是促进乡村全面振兴的重要途径 // 59

二、拓展农业多种功能与挖掘乡村多元价值协同共进 // 60

三、乡村全面振兴背景下挖掘农业多功能性的实施路径 // 61

第二节　典型案例 // 63

一、浙江衢州：高效生态农业引领乡村振兴新境界 // 63

二、安徽泾县：民宿产业助力乡村旅游高质量发展 // 65

三、四川雨城：农旅融合助推乡村振兴 // 67

四、内蒙古准格尔旗：深入推进多功能农业一体化发展 // 69

五、江西芦溪：农业功能拓展　助力乡村振兴 // 71

第五章　中华优秀传统生态文化与乡村振兴 // 77

第一节　理论基础 // 79

一、传承中华优秀传统生态文化是实现乡村全面振兴的重要需求 // 80

二、传承中华优秀传统生态文化是乡村生态产品价值实现的重要支撑 // 81
三、乡村振兴过程中传承中华优秀传统生态文化的路径 // 82
第二节 典型案例 // 83
一、贵州省从江县占里村："农耕文化＋生态农业智慧"推动产业振兴 // 83
二、阿鲁科尔沁草原游牧系统：人与自然和谐共生的田园诗篇 // 86
三、河北省涉县：生态农业智慧＋农作民俗推动产业振兴 // 89
四、上海市崇明区港沿镇园艺村：黄杨特色种植文化带动支柱特色产业 // 92
五、广西壮族自治区忻城县石叠屯：民间信仰＋村规民约＋生态智慧推进生态振兴 // 95
六、浙江省湖州市南浔区和孚镇荻港村：桑基鱼塘文化带动形成农文旅发展模式 // 96
第六章 新型工农城乡关系与生态产品价值实现 // 99
第一节 理论基础 // 101
一、乡村振兴是城乡融合的基础，新型工农城乡关系促进乡村振兴 // 101
二、城乡融合发展是建立生态产品价值实现机制的重要保障 // 102
三、城乡融合视域下生态产品价值的主要模式 // 103
第二节 典型案例 // 104
一、莱西市示范园：推动城郊高质量融合发展 // 104
二、甘肃省金昌市永昌县：城乡产业一体化融合发展助推乡村振兴 // 106
三、四川省成都市郫都区：创新探索走出"融合共享"内生型乡村振兴路 // 108
四、南京市：城乡融合探索中国式农村现代化 // 110
五、浙江省丽水市景宁畲族自治县：高质量绿色发展城乡融合创新 // 113
六、浙江省瑞安市曹村镇：产村融合绘就乡村振兴新画卷 // 116

第七章　推进乡村生态产品价值实现的政策保障 // 119

第一节　建立乡村生态产品价值实现推进机制 // 121

一、建立农村自然资源资产产权制度 // 121

二、健全乡村生态产品市场化经营开发机制 // 122

三、建立完善生态保护补偿和金融服务机制 // 123

第二节　健全乡村生态产品价值实现保障机制 // 124

一、加强农村党基层组织建设和乡村治理 // 124

二、调动农民参与积极性和全民实践氛围 // 125

第三节　典型案例 // 125

一、湖南省中方县大松坡村：基层党组织带领群种植“湘珍珠”葡萄，实现乡村振兴 // 125

二、湖南省娄底市新化县油溪桥村：“小积分”激发乡村治理“大能量”// 128

三、安徽黟县：“古村落＋新民宿”双轮驱动创新发展模式 // 130

四、重庆：地票统筹城乡发展，促进生态价值实现 // 133

五、浙江杭州余杭区青山村：建立水基金促进市场化、多元化生态保护补偿 // 135

六、浙江省丽水市云和县：生态产品政府购买让好生态换取“好身价”// 137

第八章　问题思考与总体构想 // 141

第一节　全面推进乡村振兴背景下生态产品价值实现的问题与挑战 // 143

第二节　协同推进生态产品价值实现与乡村振兴的思路与任务 // 145

一、加强宣传引导，提高社会对乡村生态产品及其价值实现的认知水平 // 145

二、加快完善法规制度标准体系，建立农村生态文明建设引导和激励机制 // 146

三、摸清乡村生态产品“家底”，厘清生态资源产权关系 // 147

四、搭建生态产品交易平台，完善生态资源运营制度 // 147

五、强化乡村生态产品价值实现的要素配置和保障体系 // 148

六、平衡好生态资源价值实现与可持续发展之间的关系 // 148

参考文献 // 150

后记 // 155

第一章

理论内涵

第一节　生态产品价值实现的理论探析

一、生态产品及其价值实现

“生态产品”是具有鲜明中国特色的概念。2010年，《国务院关于印发全国主体功能区规划的通知》（国发〔2010〕46号）首次提出“生态产品”的概念，将其定义为：“维系生态安全、保障生态调节功能、提供良好人居环境的自然要素，包括清新的空气、清洁的水源和宜人的气候等”。在学术研究领域，有学者于1992年对生态产品进行了初次界定，他们认为生态产品是指通过生态工（农）艺生产出来的没有生态滞竭的安全可靠无公害的高档产品。2010年《全国主体功能区规划》出台后，学者们对“生态产品”概念运用增多，对该概念的理解可分为狭义和广义两种。狭义上的生态产品是指满足人类需求的清新空气、清洁水源、适宜气候等看似与人类有形物质产品消耗没有直接关系的无形产品，且往往具有公共产品的特征；广义上的生态产品，除了狭义上的生态产品内容外，还包括通过清洁生产、循环利用、降耗减排等途径，减少对生态资源的消耗生产出来的有机食品、绿色农产品、生态工业品等有形物质产品。这类有形生态产品的生产过程中并不会对生态系统提供生态服务的功能造成损害，具有“保护生态环境”的特质。国务院发展研究中心在综合考虑了国内政策文件对生态产品概念的界定和地方实践对价值实现机制的探索的基础上，将“生态产品”定义为，良好的生态系统以可持续的方式提供的满足人类直接物质消费和非物质消费的各类产出。国家发展和改革委员会与国家统计局在其发布的《生态产品总值核算规范》中对“生态产品”的定义为：生态系统为经济活动和其他人类活动提供且被使用的货物与服务贡献，包括物质供给、调节服务和文化服务三类。也有其他专家学者对生态产品价值实现开展了多方面解读。

综上所述，当前国内政策和地方实践中，大多关注广义上的生态产品，包括良好生态系统直接带来的农畜产品、清洁水源、可再生能源等优质物质供给，吸收二氧化碳、涵养水源、防风固沙、调节气候等生态系统调节服务，观光、休闲等文化旅游服务。即生态产品既可来自原始的生态系统，也可来自经过投入人类劳动和相应的社会物质资源后恢复了服务功能的生态系统。笔者认为，乡村生态产品的概念应该突破狭义空间，拥有更广泛的边界，不仅包含乡村宜人的气候、清洁的空气、优质的农林牧渔产品等单一资源，还应包含乡村生态系统服务、乡村生态文化等衍生的生态化和绿色化的产品。具体而言，乡村生态产品指生产地或供给地在乡村的生态产品，包括以生态环境友好方式生产出的农林牧渔产品、乡村生态系统提供的生态系统调节服务以及乡村景观农耕民居等乡村文化服务。

生态产品价值实现，是通过多种政策工具的干预真实反映生态产品的价值，通过已有或新建的交易机制进行交易，实现外部性的内部化，建立“绿水青山”向“金山银山”转化的长效机制。生态产品价值实现以优质生态产品供给为基础和载体，包括直接和转化两类路径：一是提供优质生态产品对于人们优美生态环境需要的满足；二是将生态环境要素潜在经济价值通过一定的机制设计得以显性化，进而满足人们美好生活需求，两者共同带来人们生活福祉的改善。无论是从政府提供公共服务的供给侧来看，还是从人民群众追求美好生活的需求侧来看，优质生态产品是属于供给短缺的稀缺产品，优质生态服务也是公共服务中的短板。

在追求温饱阶段，关注农业生态系统的生产功能，保障农产品供给的数量安全是农业生产的首要目标。随着小康社会的全面建成，我国进入农产品数量和质量并重的阶段，人们对生态环境和可持续发展日益关注，对精神文化需求增加，因此农业生态系统的生态功能和生活功能越来越被人们重视。促进乡村生态产品价值实现，需通过多种政策工具的干预；更重要的是，促进乡村生态产品价值实现，要充分尊重生态规律和经济规律，以创新生态资源资产化、资本化为手段，向社会提供更多的优质农产品、生态调节服务和生态增值服务，进而满足人民日益增长的优美生态环境需要，确保代际公平，从而实现生态效益、经济效益与社会效益相统一。

二、乡村振兴与生态产品价值实现是相辅相成的关系

（一）乡村地区生态资源丰富、生态产品供给能力强，是生态产品价值实现的主战场和重点区域

乡村振兴战略是建设美丽中国的关键举措。农业是生态产品的重要供给者，乡村是生态涵养的主体区，生态是乡村最大的发展优势。乡村振兴，生态宜居是关键。实施乡村振兴战略，统筹山水林田湖草沙系统治理，加快推进乡村绿色发展方式，加强农村人居环境整治，有利于构建人与自然和谐共生的乡村发展新格局，实现百姓富、生态美的统一。

2017 年 10 月，党的十九大报告提出“实施乡村振兴战略”，着眼点在于解决好国内社会的主要矛盾，实现包括农民在内的全体人民对美好生活的需要。促进乡村生态产品价值实现，则需辩证地看待“绿水青山”和“金山银山”的关系，乡村生态产品因其具有初始禀赋公平性和空间分布均衡性的特征，因而可以公平地参与收入和财富分配。促进乡村生态产品价值实现，能够保障农民享受发展成果，提高农民收入水平，进一步缩小城乡居民收入差距，加快农业农村现代化进程，使广大农民能够和城镇居民一道，将对美好生活的向往一步步变成现实。

2022 年 10 月，党的二十大报告在“全面推进乡村振兴”的要求中，提出了“加快建设农业强国”的目标，强调“建设宜居宜业和美乡村”。在乡村振兴过程中加快建设农业强国，着眼点在于守住农业基本盘、强化粮食安全和食物保障这个国家安全“压舱石”的作用，增强中国在世界大变局中的自主、自立、自强能力。建设宜居宜业和美乡村，是让农民就地过上现代生活的迫切需要，农村不是“凋敝”“落后”的代名词，完全可以与城市一样，成为现代生活的重要承载地。前者是“国之大者”，后者是“民之所盼”，两者必须相辅相成。推动乡村生态产品价值实现，让农村良好的生态环境发挥其价值，科学地产出生态产品及提供服务价值，可以从根本上解决经济与生态环境、发展与保护之间的矛盾，促进生态资源与关联产业的深度融合，实现经济、社会、生态有机结合，可以在更大范围、更高层次提升农村地区的综合效应，进而加

快实现“建设农业强国”的目标。

（二）生态产品价值实现是推动乡村“五个振兴”、培育乡村发展新动能的重要抓手

广大的农村地区具有最普惠的生态优势，乡村是生态涵养的主体区，生态是乡村最大的发展优势。生态产品价值实现不仅能够提高区域经济收入，还能够有效激发生态保护和生态产品供给的内生动力。实施乡村振兴战略，生态宜居是关键，统筹山水林田湖草沙系统治理，加强农村人居环境整治，有利于构建人与自然和谐共生的乡村发展新格局，促进生态振兴。

农民是生态产品的重要供给者，农村拥有天然的生态资源，如果能够通过机制设计将生态资源转变为生态资产、生态资本，必将产生经济效益，同时，生态产品的普惠性，保证了实现共同富裕具备人人平等的发展和共享机会，能够在更广空间实现价值增值，因此能更高效地促进产业振兴。

生态产品价值实现可以促进资金、技术、人才等现代要素向农村回流，进而吸引农业新型经营主体和服务主体的进入，从而促进农业的规模化、组织化、集约化、社会化和专业化。乡村生态产业的发展、农业新型经营主体的兴起和农民组织化程度的提高，不但可以降低农村行政管理的成本，而且使得农村集体组织有更强的治理能力，进而促进乡村治理有效，促进乡村人才振兴和组织振兴。

总之，农业生态产品价值实现是新时代我国推动“绿水青山”向“金山银山”价值转化和全面推进乡村生态振兴的内在要求。建立农业生态产品价值实现机制，是增强农业绿色发展内生动力的重要举措，是落实产业生态化和生态产业化路径的关键环节。乡村振兴与农村生态文明建设是紧密融合、协同发展的共同体，乡村振兴可以推进深化生态产品价值实现的实践诉求，乡村振兴的实践诉求又决定了生态产品价值实现的目标和内容，对乡村振兴来说，生态产品价值实现是重要抓手和主要路径。

第二节　乡村全面振兴的理论指引

一、乡村振兴是世纪性的国家战略和长期性的历史使命

党的十八大以来，中国共产党带领人民打赢了脱贫攻坚战，彻底摆脱绝对贫困，实现了全面小康，党的十九大报告不失时机地提出乡村振兴的伟大战略，谋求实现巩固脱贫攻坚成果同全面推进乡村振兴的有效衔接，“产业兴旺、生态宜居、乡风文明、治理有效、生活富裕”，这二十字的总要求反映了乡村振兴战略的丰富内涵，鲜明呈现出党领导农村治理实践的不断跃升和历史逻辑。随着《中共中央　国务院关于实施乡村振兴战略的意见》《乡村振兴战略规划（2018—2022 年）》《中国共产党农村工作条例》《中华人民共和国乡村振兴促进法》的出台，乡村振兴制度框架和政策体系初步构建。党的二十大报告对“中国式现代化”进行了深刻系统的阐述，明确指出，“全面建设社会主义现代化国家，最艰巨最繁重的任务仍然在农村”，对建设农业强国、全面推进乡村振兴进行战略部署，“加快建设农业强国，扎实推动乡村产业、人才、文化、生态、组织振兴”。

二、全面推进乡村振兴的主要内容

习近平总书记指出：“乡村振兴是包括产业振兴、人才振兴、文化振兴、生态振兴、组织振兴的全面振兴，是‘五位一体’总体布局、‘四个全面’战略布局在‘三农’工作的体现。”全面推进乡村振兴，实际上就是要统筹推进农村经济建设、政治建设、文化建设、社会建设、生态文明建设和党的建设，就是要促进农业全面升级、农村全面进步、农民全面发展，其最终落脚点在人民的生活富裕。产业振兴和生态振兴是目前实施乡村振兴战略的核心内容。推动产业振兴实现产业兴旺，是解决农村一切问题的前提。从“生产发展”到“产业兴旺”，反映了农业农村经济适应市场需求变化、加快优化升级、促进产业融合的新要求。通过生态振兴实现生态宜居，是乡村振兴的内在要求。乡村是生态涵养的主体区，生态是乡村最大的发展优势，推进农村生

态文明建设、努力打造美丽乡村，是实施乡村振兴战略的重要内容。通过文化振兴促进乡风文明，是乡村振兴的重要内容。通过组织振兴实现治理有效，是乡村振兴的重要保障。

第三节　乡村振兴与生态产品价值实现的政策脉络

一、乡村振兴

按照中共中央的部署，乡村振兴的内涵和目标经历了两个阶段的变化。第一阶段（2017—2020 年）主要聚焦出台战略、顶层设计和发展规划等理念性、思路性和基础性工作，乡村振兴的内涵和目标是促进乡村全面脱贫、推动脱贫攻坚，其中，2018 年 3 月 8 日，习近平总书记在全国两会期间参加山东代表团审议时，首次提出了实施乡村振兴战略的“五个振兴”，即产业振兴、人才振兴、文化振兴、生态振兴、组织振兴，不仅揭示了乡村振兴发展的基本规律，而且为我们实施乡村振兴战略找到了着力点和主攻方向。第二阶段（2020 年至今），乡村振兴战略由全面打赢脱贫攻坚战向全面推进乡村振兴转移，乡村振兴的内涵和目标不断拓展和深化，更加聚焦于全面推进乡村振兴。从实施乡村振兴战略到全面推进乡村振兴，意味着党中央对“三农”发展的理论认识在深化，我国的“三农”工作也站在了新起点，促进乡村生态产品价值实现也到了最佳红利窗口期。我国有关乡村振兴的文件见表 1–1。

表 1–1　乡村振兴的重要论述及主要文件时间线梳理

时间	乡村振兴重要论述及主要文件
2017 年 10 月	党的十九大报告首次提出乡村振兴战略
2018 年 1 月	中央一号文件《中共中央　国务院关于实施乡村振兴战略的意见》
2018 年 9 月	中共中央、国务院印发《乡村振兴战略规划（2018—2022 年）》
2020 年 10 月	《中共中央关于制定国民经济和社会发展第十四个五年规划和二〇三五年远景目标的建议》，我国乡村振兴的主要任务从脱贫攻坚转移到全面振兴

续表

时间	乡村振兴重要论述及主要文件
2021 年 4 月	《中华人民共和国乡村振兴促进法》，将推进“五个振兴”，引导城乡融合发展以及相应的扶持措施、监督检查等内容给予了法定化的确认，构建起了政策与法律同向聚力的乡村治理和振兴的新格局
2022 年 10 月	党的二十大报告提出，全面推进乡村振兴；加快建设农业强国，扎实推动乡村产业、人才、文化、生态、组织振兴
2022 年 11 月	中共中央办公厅、国务院办公厅印发《乡村振兴责任制实施办法》，将相关政策与法律规范实现有效衔接

二、生态产品价值实现

生态产品及其价值实现理念的提出，是我国生态文明建设在思想上的重大变革，随着我国生态文明建设的逐步深入，生态产品及其价值实现逐渐演变成为贯穿习近平生态文明思想的核心主线，成为贯彻习近平生态文明思想的物质载体和实践抓手，显示出了强大的实践生命力和重要的学术理论价值。充分了解生态产品概念提出及发展的时间脉络（见表 1-2）对于理解生态产品的内涵及其价值实现方式具有重要意义。

表 1-2　生态产品价值实现的相关政策脉络时间线梳理

时间	生态产品价值实现相关政策
2005 年 8 月	时任浙江省委书记习近平在浙江安吉考察时，首次提出“绿水青山就是金山银山”，为探索生态产品价值实现提供了理论基础和思想保障
2010 年 12 月	国务院发布《全国主体功能区规划》，在政府文件中首次提出了生态产品概念，提供生态产品的主要区域是重点生态功能区
2012 年 11 月	党的十八大报告提出“增强生态产品生产能力”，将生态产品生产能力看作是提高生产力的重要组成部分
2013 年 11 月	中国共产党第十八届中央委员会第三次全体会议，提出山水林田湖草生命共同体的重要理念。会议通过的《中共中央关于全面深化改革若干重大问题的决定》中有关生态文明建设的论述虽然没有直接使用生态产品的概念，但会议所提出的山水林田湖生命共同体理念与生态产品一脉相承，体现了我国生态环境保护理念由要素分割向系统思想转变的重大变革。该文件中提出建立损害赔偿制度、实行资源有偿使用制度和生态补偿制度，加快自然资源及其产品价格改革，表明我国开始逐步落实生态文明建设的总体设计，深入推进经济手段在生态环境保护中的作用

续表

时间	生态产品价值实现相关政策
2015 年 5 月	中共中央、国务院出台《关于加快推进生态文明建设的意见》，首次将“绿水青山就是金山银山”写入中央文件
2015 年 9 月	中共中央、国务院发布《生态文明体制改革总体方案》，指出自然生态是有价值的，要使用经济手段解决外部环境不经济性
2016 年 5 月	国务院办公厅印发《关于健全生态保护补偿机制的意见》，提出“以生态产品产出能力为基础，加快建立生态保护补偿标准体系”
2016 年 8 月	中共中央办公厅、国务院办公厅印发《国家生态文明试验区（福建）实施方案》，在生态产品概念基础上首次提出价值实现理念
2017 年 8 月	中共中央、国务院印发《关于完善主体功能区战略和制度的若干意见》，提出“开展生态产品价值实现机制试点”，将贵州等 4 省份列为国家生态产品价值实现机制试点
2017 年 10 月	党的十九大报告指出，提供更多优质生态产品以满足人民日益增长的优美生态环境需要，将“增强绿水青山就是金山银山的意识”写入党章
2018 年 4 月	习近平总书记在深入推动长江经济带发展座谈会上发表重要讲话，为生态产品价值实现指明了发展方向、路径和具体要求
2018 年 12 月	国家多部门联合发布《建立市场化、多元化生态保护补偿机制行动计划》，提出以生态产品产出能力为基础健全生态保护补偿及其相关制度
2019 年 9 月	习近平总书记在黄河流域生态保护和高质量发展座谈会上发表讲话，要求三江源等国家级生态功能区要创造更多生态产品
2020 年 6 月	《全国重要生态系统保护和修复重大工程总体规划（2021—2035 年）》，将提高生态产品生产能力作为生态修复的目标
2020 年 10 月	《中共中央关于制定国民经济和社会发展第十四个五年规划和二〇三五年远景目标的建议》提出，支持生态功能区把发展重点放到保护生态环境、提供生态产品上；建立生态产品价值实现机制
2021 年 4 月	中共中央办公厅、国务院办公厅印发《关于建立健全生态产品价值实现机制的意见》，带动广大农村地区发挥生态优势就地就近致富
2022 年 3 月	国家发展和改革委员会与国家统计局出台《生态产品总值核算规范》，针对“森林、草地、农田、湿地、荒漠、城市、海洋”等实物量和价值量明确了核算方法
2022 年 10 月	党的二十大报告，建立生态产品价值实现机制，完善生态保护补偿制度

生态产品及其价值实现理念随着我国生态文明建设的深入逐渐深化和升华。生态产品最初的提出只是作为国土空间优化的一种主体功能，其目的是合理控制和优化国土空间格局。随着我国生态文明建设的兴起，对生态产品的认识、理解和要求不断具

体，逐步由一个概念转化为可实施操作的行动，由最初国土空间优化的一个要素逐渐演变成为生态文明的核心理论基石。伟大的理论需要丰富、鲜活的实践支撑，生态产品及其价值实现理念为习近平生态文明思想提供了物质载体和实践抓手，各地在实际工作中认真践行“绿水青山就是金山银山”理念，将生态产品价值实现作为工作目标和发力点，通过生态产品价值实现，将习近平生态文明思想从战略部署转化为具体行动，尤其是在我国广大农村地区，将探索生态产品价值实现机制与深入推进乡村振兴相结合，作为践行“绿水青山就是金山银山”理念的关键路径，对推动经济社会发展、全面绿色转型具有重要意义。

第二章

美丽乡村建设赋能乡村振兴

离大自然最近的是乡村，人与自然和谐共生的最大画卷在乡村。乡村是生态涵养的主体区，生态是乡村最大的发展优势，推进农村生态文明建设、努力打造美丽乡村，通过生态振兴实现生态宜居是乡村振兴的内在要求，是推进农业农村生态产品价值实现和可持续健康发展的前提和保障。

第一节　理论基础

一、建设美丽乡村是乡村全面振兴的重要引领

乡村建设一直以来是我国发展的重中之重，美丽乡村建设是脱贫攻坚同乡村振兴有效衔接的重要路径。改革开放以来，我国乡村建设经历了一系列变化，发展历程可分为4个阶段：萌芽阶段（1978—1992年）、探索阶段（1993—2004年）、发展阶段（2005—2011年）、稳定阶段（2012—2017年）和成熟阶段（2018年至今）（见图2-1）。

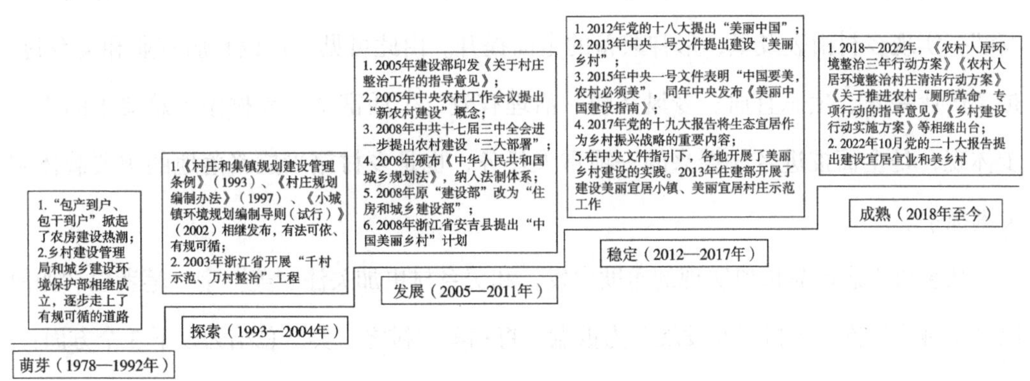

图2-1　乡村建设发展历程

在中央文件的指导下，各地积极开展乡村建设行动。美丽乡村建设雏形最早可追溯到2003年浙江省的“千村示范、万村整治”工程，2008年，浙江省安吉县提出

“中国美丽乡村”计划。2012 年，从中央层面首次提出“美丽乡村”概念，2012 年 12 月 31 日印发的《中共中央　国务院关于加快发展现代农业　进一步增强农村发展活力的若干意见》（2013 年中央一号文件）提出加强农村生态建设、环境保护和综合整治，努力建设美丽乡村。党的十九大报告提出将生态宜居作为乡村振兴战略的重要内容。至此，美丽乡村建设成了实现乡村振兴的重要环节。2018 年 1 月，《中共中央　国务院关于实施乡村振兴战略的意见》明确指出，“乡村振兴，生态宜居是关键”。中共十九届五中全会指出，“不断优化生产生活生态空间，持续改善村容村貌和人居环境，加快建设美丽宜居乡村”，体现了美丽乡村的“生态美、生活美、生产美”等内涵。党的二十大报告也指出，要推进生态优先、节约集约、绿色低碳发展，建设宜居宜业和美乡村。随着美丽乡村建设内涵不断丰富和路径不断完善，2013 年，住房和城乡建设部开展了建设美丽宜居小镇、美丽宜居村庄示范工作，并陆续公布了 190 个美丽宜居小镇，565 个美丽宜居村庄。2022 年，农业农村部、住房和城乡建设部联合开展美丽宜居村庄创建示范工作，旨在引领带动各地因地制宜推进省级创建示范活动，打造不同类型、不同特点的宜居宜业和美乡村示范样板，推动乡村振兴。

从“美丽乡村”到“美丽宜居乡村”，再到“宜居宜业和美乡村”，其目标任务更加全面，内涵更加丰富，涉及生产生活生态各个方面。可以说，宜居宜业和美乡村是美丽乡村的升级版。宜居宜业和美乡村以产业强为基础，塑形环境“美”，铸魂精神“和”，实现乡村由表及里、形神兼备的全面提升。由此可见，建设宜居宜业和美乡村，是“产业兴旺、生态宜居、乡风文明、治理有效、生活富裕”乡村振兴总要求的进一步体现，是全面推进乡村振兴的一项重大任务，也是乡村振兴战略落地的主要载体和关键抓手。

从乡村生态产品价值实现的角度出发，和美乡村更加关注“美”字。笔者以“如何以‘乡村美’推动乡村产业发展”为重点，将和美乡村之“美”总结为以下 3 个方面：

（一）和美乡村美在田园风光

2016 年，在农村改革座谈会上，习近平总书记强调，“中国要美农村必须美”。这是我国作为农业大国的现实国情决定的。未来即便我国城镇化率达到 70% 及以上，还将有数亿人生活在农村，他们同样有着对美好生活的向往。农村美是中国美的应有之义。“良好人居环境，是广大农民的殷切期盼，一些农村‘脏乱差’的面貌必须加快改变。”

（二）和美乡村美在村美人和、生态宜居

村美人和，关键在于推行绿色发展方式和生活方式，基于生态资源培育特色优势产业，推动城市与农村各美其美、美美与共。“农村生态环境好了，土地上就会长出金元宝，生态就会变成摇钱树，田园风光、湖光山色、秀美乡村就可以成为聚宝盆，生态农业、养生养老、森林康养、乡村旅游就会红火起来。”

（三）和美乡村美在文化传承

农村是现代化、城市化的根基，是人类共有的文化根脉。保留乡土文化和乡村风貌特色是传承历史文化的重要途径。习近平总书记指出，“农村是我国传统文明的发源地，乡土文化的根不能断，农村不能成为荒芜的农村、留守的农村、记忆中的故园。”

后续本书所说的美丽乡村建设涵盖美丽乡村、美丽宜居乡村、宜居宜业和美乡村等概念。美丽乡村建设通过提升农村人居环境质量，让农村变得更美丽，以推动绿色发展，促进人与自然和谐共生。同时，乡村生态环境的改善和调整可对农业生产质量与水平、社会稳定和自然生态的改善产生积极影响。农村作为生态价值实现的重要空间载体，必须让良好的生态环境成为乡村振兴的支撑点，坚定不移走生态优、环境美的生态振兴道路。

二、筑牢农村“美丽本底”是实现生态产品价值的前提

习近平总书记强调，生态环境是关系党的使命宗旨的重大政治问题，也是关系民生的重大社会问题。生态环境没有替代品，用之不觉，失之难存。随着经济社会发展和人民生活水平不断提高，生态环境在群众生活幸福指数中的地位不断凸显，环境问题日益成为重要的民生问题。美好生活不仅是物质、精神层面的富足，还应涵盖着优质的生态产品。正如习近平总书记所言，“环境就是民生，青山就是美丽，蓝天也是幸福”“良好的生态环境是最普惠的民生福祉”。在 2023 年 12 月召开的中央农村工作会议上，习近

平总书记对做好“三农”工作作出重要指示：“推进中国式现代化，必须坚持不懈夯实农业基础，推进乡村全面振兴”，要“学习运用‘千万工程’经验，因地制宜、分类施策，循序渐进、久久为功，集中力量抓好办成一批群众可感可及的实事”。建设美丽乡村，改善乡村环境就是提高农民生活品质，让村民有看得见、摸得着获得感的实事。

建设美丽乡村的直接目标打造绿色美丽的宜居环境，实现干净整洁的卫生环境和生态特色的乡村风貌，让城乡居民望得见山、看得见水、记得住乡愁。但更深层次的目的还是为农村创造更好的发展条件，为农村的产业发展奠定基础，为农村地区生态产品价值转化提供保障。

良好的生态环境可以提高人们的生活质量，提供体现生态调节服务功能价值的产品。一方面，农村良好的环境可以为住户提供健康的生活空间，改善生活环境，提振人们的精神状态，为人们提供更多的休闲娱乐活动，进而改善人们的生活质量，满足人民对美好生活的向往。另一方面，改善农村地区生态环境，提供水源涵养、水土保持、防风固沙、生物多样性保护、洪水调蓄等生态服务，为进一步推动生态产品价值实现，使其成为可抵押、可融资的生态资产，开展以生态保护补偿等政府购买、权属交易等市场化方式促进生态产品价值实现提供前提保障。

良好的生态环境可以为社会发展提供坚实的基础，推动物质供给和文化服务类生态产品价值实现。大多数的农村地区以传统农耕产业为主，发展相对落后，但良好的生态本底可以为农村产业发展提供更多的路径和可能性，例如，开发自然生态系统提供的物质产品，如有机农产品、中草药、原材料、清洁能源等；又如，通过挖掘乡村历史、民族文化资源和环境整治，为乡村旅游业发展打下良好基础，不断促进生态资产向生态资本的转变等。通过这种农村生态环境的改善、资源的保护，从而有效地促进农村产业发展，为社会发展提供坚实的基础。所以，必须坚持生态惠民、生态利民、生态为民，把优美的生态环境作为一项基本公共服务，把解决突出生态环境问题作为民生优先领域，让群众持续感受到变化、不断增强信心。

三、推动美丽乡村建设的战略重点和重要路径

如何通过美丽乡村建设推动乡村产业发展，重点在于农村环境整治。实施农村环

境整治也是满足人民群众美好生活需要的必然要求。习近平总书记指出，“农村环境整治这个事，无论是发达地区还是欠发达地区都要搞，但标准可以有高有低”。农村环境整治的重点任务是一以贯之的，重点在于围绕“干净、整洁、有序、宜居”的目标，强短板、补弱项，不断提升农民群众的幸福感和获得感。虽然不同地区根据实际情况侧重点有所不同，但主要聚焦在以下几个方面。

（一）提升村容村貌，保护好“青山绿水田园”

村容村貌是农村的“形”。过去农村人居环境整治，以整治“脏乱差”问题为主，随着乡村人民生活水平的提高，人民对农村优美人居环境的期待，从“摆脱脏乱差”逐步提升为“追求乡村美”。首先，要解决村庄私搭乱建、乱堆乱放、线路“蜘蛛网”等问题，扩大村庄公共空间，做到“整洁有序”。其次，要有序推进农村厕所革命、提升农村生活污水和生活垃圾治理水平，因地制宜推进乡村绿化美化，让乡村山体田园、河湖湿地、原生植被、古树名木等与农村融为一体。

（二）统筹全域土地综合整治与生态保护修复，筑牢乡村美丽基底

土地是生态保护修复的空间载体，全域土地综合整治将工矿废弃地环境修复治理与土地复垦、产业发展、水系连通、景观建设、文旅开发等结合起来，大力推进人居环境整治、传统村落与乡土文化保护，在全域范围内优化整治生产、生活、生态空间布局。在生产空间方面，统筹农用地、低效建设用地整治和生态保护修复，整治分散的、区域性的土地，形成连片的、产业集聚的用地，对高标准农田进行连片提质建设，对存量建设用地进行集中盘活，对地方特色产业进行充分挖掘，进而提高土地的利用率和产出率，综合提升乡村发展水平。在生活空间方面，推动实现人口由分散向集聚转变，借助公共空间的治理模式，建造出干净整洁、生态宜居的农村社区，实现农村人口的生态化居住。在生态空间方面，以区域和流域为单元，开展各类生态系统一体化保护和修复，促进自然生态系统质量整体改善、生态产品供应能力全面增强。

（三）突出乡土特色和地域特点，提升乡村气质

乡村风貌在于乡土文化，提升村容村貌一定是在乡土文化的基础上挖掘乡村美感

和亮点，注重人民群众的需求，推动乡村文化建设与人民群众的生产生活相结合，不搞千村一面，不搞大拆大建。在美丽乡村建设过程中，必须要重点做好保护和利用两项工作。一方面，要持续开展“拯救老屋行动”，加大力度保护乡村中的古村落、古民居、古桥梁等建筑遗产，强化乡村物质与非物质文化遗产的文化本源性和根脉性价值。另一方面，在修复和保护的基础之上，通过文旅融合活化利用乡村历史文化资源禀赋，挖掘乡村多元价值，让乡村留得住“乡愁”也留得住人，推动乡村处处显文化、见历史，促进村庄形态与自然环境、传统文化相得益彰。

（四）乡村之美不只是外在美，更要美在发展

产业发展是美丽乡村可持续发展的基础。建设美丽乡村，就是要因地制宜，科学规划，彰显特色，坚持环境整治与特色产业培育两手抓。具体可总结为 4 个路径：第一，发展乡村文化产业，在具有丰富的文化资源的乡村地区，弘扬优秀民族文化，传承和创新特色文化；第二，深挖乡村旅游资源，完善乡村基础设施，发展乡村旅游特别是生态旅游业；第三，优化农村产业结构，推动乡村传统农业升级，实现农业现代化发展；第四，因地制宜发展休闲农业、绿色高效农业，突出地方特色。

第二节　典型案例

一、“千万工程”：创造浙江省全域推进乡村全面振兴成功样本

（一）【案例背景】

习近平总书记在浙江工作期间，亲自谋划、亲自部署、亲自推动“千村示范、万村整治”（以下简称“千万工程”），经过 20 多年持续努力，不仅深刻改变了浙江农村的整体面貌，更为推进乡村全面振兴作出了先行探索和示范引路。在浙江，“千万工程”整治范围不断延伸，从最初的 1 万个左右行政村，推广到全省所有行政村；内涵不断丰富，从“千村示范、万村整治”引领起步，推动乡村更加整洁有序，到“千村

精品、万村美丽”深化提升，推动乡村更加美丽宜居，再到“千村未来、万村共富”迭代升级，强化数字赋能，逐步形成“千村向未来、万村奔共富、城乡促融合、全域创和美”的生动局面。“千万工程”是学习贯彻习近平新时代中国特色社会主义思想、学深悟透习近平总书记关于“三农”工作的重要论述最生动最鲜活的案例教材。以学习运用“千万工程”经验为引领，大力有效推进乡村全面振兴，具有强大的实践支撑和深远的战略意义。

（二）【主要做法】

1. 推动环境整治，让美丽长效发展

习近平总书记在浙江工作期间强调，要将村庄整治与绿色生态家园建设紧密结合起来，同步推进环境整治和生态建设；打好“生态牌”，走生态立村、生态致富的路子。2005 年，时任浙江省委书记的习近平同志在余村首次提出了“绿水青山就是金山银山”理念。在其理念的指导下，浙江以整治环境“脏乱差”为先手棋，全面推进农村环境“三大革命”，全力推进农业面源污染治理，开展“无废乡村”建设，实施生态修复，不断擦亮生态底色。以桐庐县为例，全县 183 个行政村及所有农家乐，已全部建成农村生活污水处理设施，率先实现了农村生活污水处理行政村全覆盖。桐庐横村镇阳山畈村是农村垃圾分类收集处理的一个示范村，村里每家每户门口都有黄色和绿色两个大垃圾桶，黄色的存放厨余垃圾、畜禽排泄物等可堆肥的有机垃圾，绿色的存放不可堆肥但可回收的垃圾。金华市浦江县开展了水晶产业污染治理，“黑臭河、牛奶河”再无踪迹，由过去“坐在垃圾堆上数钱，躺在病床上花钱”转变为“端稳绿水青山金饭碗”。经过整治，浙江规划保留村生活污水治理覆盖率 100%，农村生活垃圾基本实现“零增长、零填埋”，农村人居环境质量居全国第一。溪水潺潺、野鱼畅游、河岸葱翠，干净整洁的村道，窗明几净的农家小院，已经成为浙江处处可见的美景，农村人居环境实现了重塑。

2. 提升村容村貌，让大自然融入其中

农村的自然要素在浙江随处可见。例如，余村的路面大多以素拼卵石和石块为主要铺装类型，以规整的石块为主要的铺装材料，与自然空间相结合，整体朴素自然、

简洁大方。以这种独特的铺装类型与周边区域进行分隔，形成独特的景观边界，既能让游客更加明确分辨各个区域，又能更好地烘托空间内的自然氛围，在增强游客空间体验感的同时，也大大增加了整体景观的观赏性。美丽乡村建设不能大拆大建，让老百姓留得住记忆才是关键。桐庐的村庄改造，更是让老房子成了新风景，荻浦村对旧有民居实施了“五化”整治，把民居外墙统一粉白，四周用黑色线条勾勒轮廓，窗户按照徽派建筑风格进行装饰，并将栽满各种红花绿叶的盆花悬挂窗外，连成了一条条花巷，串珠成链打造成乡村诗画图景。

3. 打造一村一貌，秀美乡村入画来

习近平总书记在浙江工作期间，要求从浙江农村区域差异性大、经济社会发展不平衡和工程建设进度不平衡的实际出发，坚持规划先行，以点带面，着力提高建设水平。浙江在实施“千万工程”过程中，立足山区、平原、丘陵、沿海、岛屿等不同地形地貌，区分发达地区和欠发达地区、城郊村庄和纯农业村庄，结合地方发展水平、财政承受能力、农民接受程度开展工作，尽力而为、量力而行，标准有高有低、不搞整齐划一，“有多少汤泡多少馍”。美丽乡村建设需要一张蓝图绘到底的执着，但不是“千村一面”的复制与模仿，而是因地制宜、因势利导，着眼遵循乡村自身发展规律、体现农村特点，努力使每个村庄都形成自己的特色和品牌。浙江共建成美丽乡村示范县 70 个、风景线 743 条、示范乡镇 724 个、特色精品村 2 170 个、美丽庭院 300 多万户，大大小小、风格迥异的村落犹如晶莹剔透的珍珠洒落在大自然中，形成“一户一处景、一村一幅画、一镇一天地、一线一风光、一县一品牌”的浙江美丽大花园，打造了一幅幅雅致、清新的画面。

4. 发展特色产业，让原生态成为一种“美丽经济”

桐庐的牛栏原先又黑又臭，为了改变这一现状，桐庐在加固和清洁的基础上尽量让墙面保持原有风味，经过美丽乡村建设的“妙笔”，如牛栏咖啡馆已经成为该村的新亮点。咖啡馆时髦的吧台、柔和的灯光、典雅的音乐，空气中弥漫着现磨咖啡的香味……节假日营业额每天可达数万元。余村更是实现了基本工农业向旅游业逐步转型升级，根据目标定位和市场需求，依托功能设置与资源空间，打造出乡土风情游览区、五彩田园观光区、水库生态旅游区与山地徒步体验区，吸引着不同需求的游客。浙江聚焦产业富民，打好以集体经济为核心的强村富民乡村集成改革组合拳，实施乡村产业“十业万亿”行动和农业全产业链“百链千亿”工程，建成 82 条产值超 10 亿元农业全产业链。加快推动美丽成果转化为美丽经济，乡村旅游、休闲农业等新产业、新业态蓬勃发展，农民人均收入由 2003 年的 5 431 元增长至 2022 年的 37 565 元，连续 38 年居全国省市区第一。

（三）【经验启示】

浙江省在推进“千万工程”过程中，形成了一套系统成熟、行之有效的发展理念、工作方法和推进机制。例如，坚持一张蓝图绘到底，稳扎稳打、久久为功；坚持以人民为中心，从农民群众期盼中找准工作的出发点和落脚点；坚持系统观念，统筹推进城乡发展和建设；坚持因地制宜、分类施策，培育壮大乡村富民产业；坚持党建引领、大抓基层，不断加强和改进乡村治理等。乡村振兴各方面工作都能从中找到相对应的可学可鉴的参考。浙江省推进“千万工程”经历了不同阶段，不同的市县有不同的基础和条件，但贯穿其中的理念、思路和方法是相通的。不管是东部还是中西部，不管是发达地区还是相对欠发达地区，均可以借鉴“千万工程”经验，找到适合自身发展振兴的路子。

二、上海市亭林镇：打造全镇土地综合整治扩容增绿样板

（一）【案例背景】

2018 年 9 月，中共中央、国务院印发了《乡村振兴战略规划（2018—2022 年）》，提出实施农村土地综合整治并形成推广至全国的制度体系，自然资源部陆续发布《关于开展全域土地综合整治试点工作的通知》（自然资发〔2019〕194 号）、《全域土地综合整治试点实施要点（试行）》（自然资生态修复函〔2020〕37 号）等文件，在全国范围内部署全域土地综合整治试点工作。

亭林镇位于上海市近郊，是金山区承接上海市区的“第一镇”，2020 年，全镇建设用地面积就已达规划建设用地面积 95.30%，接近土地资源利用上限。为了给

区域发展提供空间，亭林镇大力推进全域土地综合整治，通过政策引导实施产业用地按需调整，采取了低效工业企业用地腾挪减量、盘活乡村存量建设用地、合理调整永久基本农田，对闲置、利用低效、生态退化及环境破坏的区域实施综合治理等措施。

（二）【主要做法】

1. 减出生态含绿量，助力生态空间扩容

土地减量化工作是践行乡村振兴战略的重要举措，也是破解土地资源紧约束的重要手段，亭林镇通过建设用地减量腾挪出来的累计 70.1 hm^2 土地全部用于农田、林地等生态空间建设。完成建设口袋公园及公共绿地超过 3.5 hm^2。通过全域土地综合整治，进一步推进田、水、路、林、村的综合开发建设，促进永久基本农田集中连片，提高土壤肥力水平，改善农田水利设施和农作物生长环境，提高自然景观的连通性、生态系统的稳定性和土地生产力，改善水土结构和田间小气候，增强抵御自然灾害的能力，为建立生态农业奠定良好的生态基础。

2. 减出土地含金量，加快土地生态价值增值

亭林镇根据资源环境紧约束的实际情况，率先推进规划城镇开发边界外低效建设用地减量化工作，加速推动低端加工业（三高一低）产业退出及转型，城乡空间布局得到进一步优化，实现了土地资源高质量利用，对切实转变土地利用方式、促进土地资源节约集约利用、支撑耕地保护任务落实、守住建设用地总量规模等起到非常重要的作用。结合全域规划，优化产业用地布局落实，重点用于农村第一、第二、第三产业融合发展，推进产业结构调整，促进产业振兴，增强村镇自我造血功能。减量化后腾出的建设用地指标用于项目落地，2018—2022 年出让给 9 家企业土地 16.68 hm^2，新增产值 217 665.19 万元，新增税收 15 194.61 万元，真正实现土地存量向发展流量转变。

3. 减出幸福值，改善民生福祉协同增效

亭林镇农业人口较少，但宅基地总量过大，比例偏高，而且点多面广、布局分散，难以提供基本的公共服务和配套设施。亭林镇结合全镇的村庄规模、区位、产业、历

史文化资源、集聚度，以及村庄改造和“美丽乡村”建设等现状，坚持优化村庄和人口空间布局，宜留则留、宜聚则聚、宜迁则迁，将村庄分为保护村、保留村、撤并村三类。2019—2020 年，亭林镇通过上楼、平移、退出等措施，共统筹优化整合 462 户，按照每户拆旧 350 m^2 计算，共拆旧面积约 16 hm^2。鼓励和引导城市开发边界外农民相对集中居住，节约集约土地资源。通过统筹村庄整治与人居环境改善，不断增强农民群众的获得感、幸福感和安全感。

（三）【经验启示】

全域土地综合整治是美丽乡村建设的重要抓手。单一要素的土地整治模式已难以有效解决乡村高质量发展面临的系统性障碍。亭林镇从单纯补充耕地转向农用地、建设用地布局优化及土地综合效益提升，考虑农田整治、村庄整治、生态整治、联动发展等，对区域内的自然资源、生态环境、经济社会发展等全要素进行综合整合和系统管理，改善村庄的生产、生活条件和生态环境，促进农业规模经营、农民集中居住、产业集聚发展，实现了“田成方、水相连、路相通、林成网、村美丽”。全域土地综合整治涉及面广泛，亭林镇通过多政策集成，将符合一定条件的农用地、建设用地之间地类调整，把某一类资源让渡给了效益更高的使用者，进而释放这类资源的生产力价值，形成报酬递增的极差用地，进而释放土地资源的生产力。另外，也需要建立政府主导、部门协同、上下联动、公众参与的工作机制，统筹推动、压实责任，构成统筹兼顾、稳慎有序的利益平衡机制。

三、莲西绿化：生态修复让荒山变青山、叶子变票子

（一）【案例背景】

五莲县是典型的山区县，共有大小山头 3 300 多座，山地丘陵面积比例达 86%。五莲西部是横板岩丘陵地带，荒山多、裸岩多，缺水少土，立地条件差，生态环境恶劣，制约着莲西的发展，五莲西部是全县的深度贫困区域，也是全市 4 个脱贫攻坚重点区域之一，61 个省（市）贫困村集聚在莲西区域 7 个乡镇，占全县总贫困村

的67%，贫困人口1.6万人，占全县贫困总人口的51.7%。2015年以来，五莲县聚焦莲西区域，着力打好补齐生态短板、壮大林果产业、打通交通"瓶颈"三场硬仗，聚集党政主责、基层主体、群众主角三方力量，实现环境变美、产业变优、村庄变靓、集体变强、群众变富5个成效。通过5年的集中攻坚，五莲西部穷山恶水的自然生态发生了巨大改观，山变青、水变绿，山生金、地生财，有效带动了贫困群众脱贫致富，走出了一条深度贫困区域绿色脱贫新路，彰显了"绿山不止、拼命实干"五莲精神新时代内涵。

（二）【主要做法】

1. 绿山不止、拼命实干，汇聚造林绿化攻坚合力

突破五莲西部贫困区域，实施"生态富县"战略关键在于调动和发挥各方力量。五莲县历届县委、县政府都非常重视生态文明建设，从20世纪50年代植树栽果一直到现在的"生态富县"战略，一代又一代五莲人赋予"五莲精神"以绿山不止、拼命实干内涵。五莲县坚持以抓党建为最大动力和根本保障，通过党政主责、基层主体、群众主角，形成"三主"合力协同突破五莲西部发展困境的新格局。在落实责任上，明确重点任务清单，将相关责任落实到19个县直部门和7个乡镇街道，建立县领导包乡镇、县直部门包村、机关干部包联户的责任机制。在政策扶持上，出台《莲西荒山绿化开发扶持暂行办法》，完善五莲西部区域绿化奖补政策，针对30亩以上的经济园林开发建设明确县财政连续奖补5年，前3年每年每亩奖补500元，第4年奖补300元，第5年奖补200元。

2. 高标准实施"林水会战"，推动山水林田湖草沙系统治理

通过项目化、工程化的办法，全面推进山水林田湖草沙系统治理，一治一座山、一治一条路、一治一条河、一治一座水库、一治一个流域，探索出了开荒破岩、客土回填、壮苗栽植、挖掘水源的横板岩荒山治理有效经验，将荒山秃岭变成了绿水青山。一是重点实施突破荒山、连绿通道、美化镇村、竹韵绿化、水系扩绿等林业工程，采取挂图作战、挂图督战，明确每项工程和项目的责任单位、任务目标、栽植树种、实施主体、时间节点和受益贫困群众，再制定奖补办法，直至绿化成林见效。具体改造施工程序是先使用大型挖掘机无缝隙深翻横板岩薄地 70～80 cm，再利用城市建筑渣土回填改良土壤，然后通过选栽大苗和完善灌溉条件，保证了所植苗木生长条件和成活率，彻底改变了过去年年造林不见林、年年栽果不见果的现象。二是坚持以水润林，同步实施农田灌溉、水库除险加固、清清河流行动、农村饮水、库区移民扶持等水利工程，做到树栽到哪里、水就供到哪里。

3. 做活“生态生财”文章，加快实现生态产品与生态产业贯通

生态与产业连通互惠既保证了五莲西部绿化成果的良性循环，同时在助力脱贫攻坚的主战场发挥了重要作用。五莲西部以“林水 +”的思路，着力推进生态生财，林水项目融入采摘游、民俗游等元素，充分挖掘林水项目盈利点。以市级现代农业产业示范园为依托，持续壮大黄桃等林果产业，实施林果 + 加工、林果 + 畜牧、林果 + 旅游、林果 + 电商等工程，充分发挥华岳农业等龙头企业的带动作用，不断延长产业链条。依托林果资源积极发展赏花游、采摘游等，推进林果园区建设，培养旅游精品工程，大力发展集观光、游览、采摘、休闲、度假于一体的农旅融合新业态，不断放大绿水青山的综合效益。

4. 坚持生态保护与脱贫攻坚“双赢”，激发群众生态脱贫内生动力

“突破莲西”既是五莲一代又一代改造荒山裸岩、厚植绿水青山的伟大壮举，同时又形成了五莲西部青山变金山、脱贫攻坚、因地制宜、精准扶贫的长效机制。坚持对有劳动能力无发展门路的贫困户指路子、教方法，坚持不懈开展科技下乡进村入户，举办林果技术培训班，累计培训学员 500 余人次；组织林业技术人员到贫困村集中区域，采取现场集中授课、一对一指导等，有针对性地提高贫困群众劳动技能。广泛吸纳贫困户就近到扶贫工坊、扶贫产业项目就业，为低收入群体增加收入。

（三）【经验启示】

通过持续不断的生态建设，五莲西部区域内完成造林 8 万多亩，林木绿化率提高到 50%，“果香莲西、花美莲西、水润莲西”正成为五莲西部的新形象。通过开展美丽乡村建设，五莲西部已实现了城乡环卫一体化、农村改厕全覆盖，村庄硬化、绿化、亮化、净化、美化全面提升，村容村貌发生巨大变化，并涌现出汪湖镇仁旺村、高泽镇西高泽村等一批各具特色的美丽宜居乡村。生态绿化及林果片区流转的 6 万余亩土地，在五莲西部建成 202 个林果片区，共涉及 1.5 万农户，其中贫困户 6 000 余户，带动就业 7 000 余人，人均年增收 8 000 余元。

在荒山多、裸岩多、缺水少土的五莲西部区域，五莲县通过创新国企介入、撬动社会资本投入等模式，将两万多亩荒山全部进行绿化，彻底改变了过去“年年造林不见林、年年栽果不见果”现象。围绕大力推进农村人居环境整治，五莲县探索出全域景区化、节点特色化、村庄精致化、管理网格化的路径，将村庄打造成为处处花香、移步换景的乡村“美术馆”。把生态保护作为各项工作的底线、红线，将守护绿水青山作为第一重任，让五莲县的生态环境持续改善。同时，依托秀美的绿水青山，五莲县深耕绿色经济，做强生态旅游，聚焦农业向绿，做强生态农业。

四、云南大理：擦亮苍山洱海，人居环境更美好

（一）【案例背景】

2014 年年初，为缓解经济社会发展带来的农村环境保护和生态文明建设的巨大压力，云南大理开展了以“清洁家园、清洁水源、清洁田园”为主要内容的环境卫生整治工作，大力推动社会力量参与农村环境治理。随着农村环境整治逐步纳入国家战略部署，大理持续深化“三清洁”工作。2017 年 2 月，《大理白族自治州乡村清洁条例》出台，标志着“三清洁”大理模式趋于成熟。面对农村环境整治的复杂形势，“三清洁”大理模式在政—社合作下取得了良好成效。以三产融合为显著特征的旅游业的高速发展，对农村环境整治提出了更高要求。云南在中西部农村地区距离市场普遍较远、经济发展滞后的情况下，大理州“三清洁”工作的典型性进一步凸显。

（二）【主要做法】

1. 创新突破，长效整治

2014 年，云南省将大理市列为全省农村垃圾处理试点市。同年，大理市委、市政府把推进“三清洁”工作当作提升改善城乡人居环境的重要内容、洱海保护治理的一

项重要措施来抓。

（1）制定完善了《城乡建筑垃圾管理》《农村垃圾清运补助办法》《城乡垃圾处理费收费标准》等一系列政策文件，为做好“三清洁”工作提供政策保障。

（2）构建起州、县（市）、乡（镇）、村（社）和各部门以主要领导任组长的领导机构和工作机构。

（3）建立和完善五级网格化责任体系和网格化管理体系，形成“党政同责、镇（办事处）村（居）为主、部门挂钩、分片包干、横向到边、纵向到底、责任到人、不留死角”的工作机制。

（4）将“三清洁”工作全方位细化分解到各县（市）、乡（镇）、办事处、村委会、社区、自然村、重点入湖河流、入湖沟渠。

（5）健全完善159个中央、省、州部门“挂钩包村”开展“三清洁”长效工作机制，并将其成效逐步纳入各种评比、考核体系之中，创新与建立监督机制，形成“三清洁”工作强大的推动力（见图2-2）。

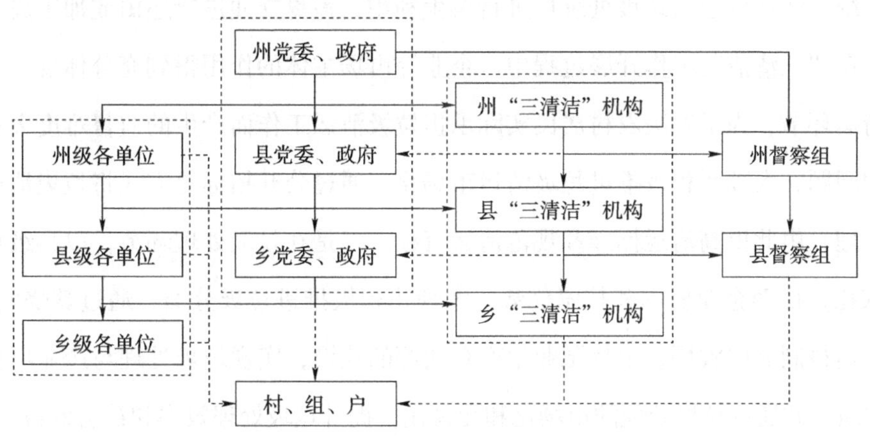

图2-2　大理州“三清洁”工作公权力主体组织及运行体系

2. **凝心聚力，人人参与**

（1）全州“三清洁”工作按照坝区、山区各自特点和实际，分两种模式分区展开。在坝区，基本建立了“户清扫、组保洁、村收集、乡（镇）清运、县（市）处理”五级联动的农村垃圾处理工作机制；在山区，普遍采取生活垃圾初分、减量、就地焚烧、还田、填埋等多种方式，因地制宜做好垃圾处理。不论城市乡村，做到全覆盖、无死角。

（2）实施“千村整治、百村示范”工程，从 2014 年起州财政连续 3 年累计投入 2 419 万元，在全州范围内每年建设 312 个州级“三清洁”示范村，让更多成功做法、优秀经验得以推广。

（3）通过“一事一议”，召开村组干部会、户长会等形式宣传引导，使村民们逐渐形成“自己的事情自己办、自己的劳动成果自己享受”的观念，自筹垃圾清运处理费。如今在大理，从城市到乡村，主动缴纳垃圾处理费早已变成群众的自觉行动。仅 2016 年，全州通过“一事一议”方式，便累计筹集垃圾清运处理费 7 800 多万元，占全州投入资金（1.4 亿元）的 50% 以上。

（4）大理州还推行了“门前三包”或“四包、五包”责任制，把“三清洁”写入村规民约，形成了群众定期清扫、创优评先等日常机制。还有部分乡镇形成了垃圾分类回收奖惩联动新机制，如现金兑现、建立积分档案、兑换生活用品、表彰先进家庭等。

3. 市场运营，变废为宝

在大理州，按分类要求，生活垃圾统一清运到垃圾处理厂进行焚烧发电处理，建筑垃圾统一清运到建筑垃圾处理厂进行再生利用，畜禽粪便进行还田或加工成生物有机肥。在“三清洁”工作开展过程中，企业等市场主体的作用得到充分体现。一是在垃圾清运环节，为了解决农村居民实际承担垃圾清运工作而产生的监督难度大且效果不佳的问题，大理州积极推进垃圾清运市场化，通过公开招标等方式将垃圾清运交由公司管理，由此提高清运标准和规范清运流程。二是在垃圾处理环节，以县级财政资金为依托，借助企业资本和技术优势，大理州积极推进垃圾分类，通过焚烧发电厂、玻璃和塑料制品回收厂、生物肥业生产企业等的建设，实现垃圾处理与产业项目开发互利共赢，并通过垃圾处理的市场化和无害化，提升垃圾处理效率和社会效益。

（三）【经验启示】

良好的生态环境是坚持绿色发展、实现产业兴旺、实现乡村共同富裕的基础，是农村的最大优势和宝贵财富。大理州把推进“三清洁”工作当作提升改善城乡人居环境的重要内容、洱海保护治理的一项重要措施。大理州从体制机制入手，稳步推进“三清洁”，从一处美迈向处处美、从环境美迈向发展美、从外在美迈向内在美，为发挥特有的生态、旅游等资源优势，引领各产业融合发展奠定了良好基础，从而带动农民创业、创新、增收致富，形成环境美化与经济发展互促、美丽乡村与农民富裕共进的良好局面。同时不断解决好农业农村发展最迫切、农民反映最强烈的实际问题，得到农民群众的真心支持和拥护，把农村建设成农民身有所栖、心有所依的美好家园。

五、浙江永嘉：环境整治提颜值，美丽乡村入画来

（一）【案例背景】

永嘉县位于浙江省东南部，瓯江下游北岸，与温州市区隔江相望，属浙南中低山区。作为农业大县，永嘉县境内山清水秀，溪流纵横，环境优美，资源丰富。永嘉县通过一系列以强农、美村、富民为目标的农村人居环境整治行动，使农村人居环境呈现空间优化布局美、生态宜居环境美、乡土特色风貌美、业新民富生活美、人文和谐风尚美、改革引领发展美，实现美丽乡村由点向面的转变。

（二）【主要做法】

1. 科学合理完善乡村规划体系

永嘉县最大的问题是沿江和山区发展差异大，城乡统筹水平处在整体协调阶段。永嘉县立足实际，贯彻落实农村优先发展战略，坚持科学布局、均衡发展，做到资源有效整合、优势充分发挥、布局更加合理，农村功能布局进一步优化，实现农村资源效益最大化。全力推进乡村建设提速提质，促进农村人居环境品质提升，村庄规划在各组团功能区产业的引导下，保障发展更加持续有力、服务社会更加全面优质、保护资源更加严格规范、维护权益更加切实有效，推进农村人居环境保护和治理，进一步完善民生配套设施建设。同时，用好国家政策性开发性金融工具和政府专项债，科学布局交通、水利等重大基础设施建设，加快构建城乡协同发展的基础设施支撑体系，让群众真切感受到农村人居环境改造更新带来的生活品质提升。

2. 有序开展垃圾、污水处理

永嘉县开展清洁乡村百日攻坚行动、美丽田园建设、城乡风貌整治提升行动、美丽

庭院创建活动和精品村提升行动等一系列综合性优化提升农村人居环境整治实践，推进农村垃圾分类、污水处理、厕所提升三大“环境革命”。自2019年源头村启动全省首个“零污染村”（无废村）建设以来，永嘉积极践行“两山”理念，将“无废”理念融入农村生产、生活和生态建设全过程，生态红利日益显现，生态优势加速向经济效益转化，使源头村成为生态和富民双提升的“网红村”。全国首家“无废生活体验馆”在永嘉县岩坦镇源头村落成，集中体现了生活垃圾减量化、资源化和无害化的理念，是全县环境综合治理取得的重大成果。

3. 不断释放农村发展新动能

永嘉坚定“绿水青山就是金山银山”理念，做好“嵌入”的产业，从美丽乡村转化为美丽经济，使整个农村综合发展竞争力得到提高。创建8个省级特色农家乐村，161家星级农家乐，230家特色民宿，是国家首批发展民宿产业的示范区。采取PPP模式引入民营资本，创新推出市场化农村产权交易中心、农村“三资”智慧监管平台、“互联网+”私坟生态化改造等一批典型做法，走出了富有特色的强村富民之路。以全域旅游促乡村振兴，签约康养云谷等3个超10亿元重大旅游项目，涌现出了一批如源头、岭下、岩上、珠岸、水云村等农村人居环境整治成效突出、环境+产业成效明显的网红村居，永嘉连续3年跻身全国县域旅游综合实力百强县。乡村振兴示范带的打造，把永嘉美丽乡村精品村、景区村、善治村、田园综合体等串点、连线、成片，在带动山区发展整体提升的同时，让永嘉美丽乡村更加富强兴旺，全方位推进农村环境大提升。

（三）【经验启示】

在农村人居环境治理中，最重要也是最根本的一点就是要对自然环境进行管理与维护，彰显历史、人文、生态交相辉映的独特韵味，实现人与自然和谐共生。一是改善村容村貌，提升绿化、洁化、净化、美化、亮化、文化水平；二是充分发挥文化、自然资源等资源优势，带动全域“农村+旅游”等相关产业发展，推动农村经济社会结构改善，促进地区城乡发展。只有不断拓宽“绿水青山”向“金山银山”转换通道，走出一条厚植特色、放大特色的高效裂变之路，才能形成辨识度鲜明的乡村振兴新形象。

六、四川大邑天府共享旅居小镇：煤炭小镇蝶变绿色小镇

（一）【案例背景】

天府共享旅居小镇位于大邑县城邮江镇，西岭雪山运动康养产业功能区境内，龙门山奇观骨干线沿线。邮江镇具有良好的生态资源、生态环境和生态产品，森林覆盖率达 70%，空气质量优良，是成都重要的生态屏障。历史上以煤矿、林业经济为主，2009 年全镇煤矿关闭后，主要经济以种植三木药材、青梅和佛手瓜为主，素有中药材之乡的美誉。境内还有唐代佛学文化遗址白云庵，大邑古八景之一“凤凰鲸柏”。2019 年，大邑县将邮江镇和斜源镇合并，充分利用邮江镇（含原斜源镇）生态人文资源优势和整镇改造契机，创新推动资源活化，促进要素集聚流动和转化，打造天府共享旅居小镇。

（二）【主要做法】

1. 跨镇村全域规划，重构小镇空间

邮江镇（含原斜源镇）煤炭资源丰富，20 世纪 90 年代年产量已达 10 万 t 以上，被称为“煤炭小镇”。小镇产业单一，煤炭的开采成为全镇乃至大邑的支柱产业，随之而来的是环境污染问题，给大自然带来极大伤害，经济发展和生态环境保护矛盾日益突出。2009 年，煤炭产业逐渐退出，小镇失去了支柱产业，但生态环境未有明显好转。2013 年，小镇开始整体谋划、全域规划、科学布局，启动了整镇改造和生态移民工作，全面关闭污染企业，旧场镇统一规划改造，将山区地灾户和交通落后的散居农户全部纳入场镇改造范围，通过生态移民集中安置，将 3 000 多人由山区集中到街区，减少地灾户 220 余户。通过场镇改造拓展了林区矿区发展空间，优化了林区矿区形态，提供了发展载体，保护了生态环境。

2. 盘活资源，加强生态资源保护

天府共享旅居小镇利用场镇改造 + 生态移民的契机，打破矿区行政建制壁垒，对小镇资源进行全面梳理和保护。一是集成土地资源，清理盘活国有闲置用地、废弃工

矿用地、农村集体建设用地 1 000 余亩[①]，为生态产业的发展拓展空间。二是盘活公共闲置资产，整合镇村闲置办公用房、公共空间，建设配套共享停车场、应急避难场所等公共服务设施。例如，将原江源村党群服务中心和太平社区日间照料中心改造成青鸟旅社和共享食堂，对内为社区居民提供暖心餐、坝坝汇等公共服务，对外提供住宿、餐饮等经营性服务，发展壮大集体经济。三是全面推进污染治理，加强生态保护与修复工作。关停、整治污染企业，加强生活污水、生活垃圾处理设施建设，积极推进河流治理修复工作等。通过污染治理腾出环境容量，为未来的发展创造空间。

3. 推进场景活化，实现价值提升

天府共享旅居小镇坚持传承历史文化，留住乡愁记忆，以不落痕迹的美学应用场景设计，展示绿水青山生态颜值、场镇山居生活景象和历史文脉乡愁记忆。一是营造旅居生活体验场景。沿斜江河打造“乐山、亲水”滨河生态景观，沿主街布局“拾景、听语”等文创空间，引入迟迟摄影、斜源书局等时尚体验项目，打造小镇慢生活。二是依托优美自然风光和历史文化遗存等特色营造本地文化街区场景。实施街区共建行动，发动群众捐出老旧物件布置街区小景。盘活废弃矿山、工业遗址、古旧村落等存量资源，建设煤矿记忆、药廉文化等 20 余处独具当地文化特色的景观，实现在地文化与公共空间、建筑形态、自然山水相互融合。三是营造网红打卡消费场景。运用空间美学理念，建设“大邑白瓷”“情人滩”等网红打卡点。过去的黑水秃山变成绿水青山，大批游客纷至沓来。

（三）【经验启示】

实现生态产业化和产业生态化、打通“绿水青山”与“金山银山”转化的路径，注重全域统筹实现资源要素盘活。通过实施全域土地综合整理，集中林地、建设用地、工矿用地资源，解决钱从哪里来的问题；打破原来资产小、散、低现状，集中清理运营，解决发展载体从哪里来的问题；通过引进文创旅游服务打造乡愁记忆，吸引人才回归，解决了人从哪里来的问题。抓住人、地、钱等关键要素，实现美丽风光变身美丽经济，促成生态红利催生长远发展。

---

① 1 亩约为 666.7 m^2。

第三章

农业供给侧结构性改革与生态产品供给

乡村振兴战略将为我国农业农村发展注入强大动力，促进城市和乡村更加协调发展，促进实现更高质量、更有效率、更加公平、更可持续的发展，深入推进农业供给侧结构性改革是实施乡村振兴战略必须要着力推进的一项重要任务。推进农业供给侧改革，实现农业结构调整和质量提升，是新时代全面推进乡村振兴的关键环节，可以为全面推进乡村振兴和实现农业农村现代化提供强大动力。

第一节　理论基础

一、农业供给侧结构性改革是乡村全面振兴的重要内容

（一）供给侧结构性改革是产业振兴必由之路

产业振兴被国家列为实施乡村振兴战略主攻方向的“五个振兴”之首。而农业是乡村的本质特征，乡村最核心的产业是农业，因此，深化农业供给侧结构性改革，以破解当前农业综合效益和竞争力偏低的难题，是实现乡村产业振兴的必由之路。依靠现代科学技术实现农业发展的提质增效，是深化农业供给侧结构性改革的重要内容，也是下一阶段全面推进乡村振兴的重要着力点。一是要强化农业发展的现代科学技术支撑，特别是在关键核心技术、网络信息化等方面实现农业发展的科技创新驱动，强化农业科技发展的质量导向。二是要继续深入推进农村第一、第二、第三产业融合发展，因地制宜地利用乡村自身在生态、文化、资源等方面具备的独特优势发展好特色农业，提升农产品生产加工流通的产业链水平。三是要推动农业的标准化和品牌化发展，完善农业产业链标准体系，打造一批有影响力的农业品牌，以实现农业的高质量发展。

（二）供给侧结构性改革是生态振兴的内在要求

近十年，我国把生态文明建设摆在一个前所未有的战略高度。过去，为解决农产品总量不足的矛盾，我们拼资源拼环境，化肥、农药投入不断增长，边际产能过度开发，水、土壤等都存在不同程度的污染，农业生态环境的弦一直绷得很紧。加快推进生态文明建设，农业方面的任务尤其繁重。推进农业供给侧结构性改革，不仅要遵循经济规律，还要遵循生态规律，必须推行绿色发展方式，贯彻落实“绿水青山就是金山银山”的理念，促进乡村生态振兴与农业绿色发展。要推进农业清洁生产，推行农业绿色生产方式，推广高效生态循环的种养模式，加快形成资源利用高效、生态系统稳定、产地环境良好、产品质量安全的农业发展新格局。要继续抓好化肥农药减量增效，通过集中治理农业环境突出问题，切实把过量使用的化学投入品减下来，把超过资源环境承载能力的生产退出来，把农业废弃物资源化利用起来，让透支的资源环境得到休养生息，加快实现农业生产完全从过度依赖资源消耗到更加注重绿色生态可持续转变。

二、农业供给侧结构性改革是实现价值显化和增值的重要手段

近年来，我国农村经济发展取得了长足的进步，为了进一步推动农村经济转型升级，我国政府积极推进农业供给侧结构性改革，提高农业生产效率，实现农村经济的可持续发展，以适应国内外市场需求的变化。新形势下，我国农业生产所面临的资源环境数量与质量双重约束日益严重。为此，只有通过生态资源价值化实现形式的创新，才能在生态文明转型的大背景下，促进城乡要素有序流动，活化农村因在工业化时代不被定价而长期沉淀的生态资源，壮大集体经济和增加农民财产性收入，重构农村可持续发展与治理有效的经济基础，推进农业供给侧改革和建构乡村振兴经济基础的关键问题。

（一）农业供给侧结构性改革，其基本取向是通过“加杠杆”促进农村长期沉淀的自然资源实现价值显化和价值增值

习近平总书记在中央农村工作会议上强调，走中国特色社会主义乡村振兴道路，

必须深化农业供给侧结构性改革，积极培育新型农业经营主体，促进小农户和现代农业发展有机衔接。小农要参与乡村振兴战略和融入现代化进程，必须依靠集体经济发展来提高农民组织化水平，这就要通过发展综合性合作社来壮大集体经济，这是符合农村资源权属特征和经济社会发展要求的。绿水青山和乡风民俗对于不断壮大的中产市民群体来说，既具有使用价值也具有稀缺性，供给侧改革背景下将乡村生态资源价值化变成吸纳货币的可交易资产，推动乡村生态产品价值实现，一方面增强农业生产经营服务主体活力，另一方面有助于推动城市资本下乡，从而扭转农村长期以来资金要素净流出的趋势。既能够用金融替代财政，缓解地方财政在负债压力下加大对生态建设方面的投入压力，又可以通过把预期收益显著高于基金投资的可持续的生态产品推上版外市场的制度设计，将城市的过剩流动性引入农村，促进农村生态资产增值和农民财产性增收。

（二）实现农业绿色转型发展，提高绿色生态产品供给质量与供给效能，是新常态下必须解决的现实问题之一

从自然资源管理和国土空间治理的角度来看，眼睛不能仅盯住城市空间，而是要看到更为宽阔的乡野空间。乡村都市蕴含着巨大的生态经济发展潜力，要助力其释放；刚刚跨过国家级贫困线的地区，往往是自然生态最重要也最脆弱的地方，要加大生态产品开发力度，大力增强生态产业发展的新动能，建设“第四产业”，来支撑更好更快更稳定的可持续发展。另外，绿色生态品牌是农业绿色发展的无形资产，实现由农产品规模化生产向农产品区域品牌化经营转变，是农业供给侧结构性改革的主攻方向。生态农业作为遵循生态经济规律，并与中国农业现实紧密相联系的农业生产方式，将会成为实现我国农业供给侧结构性改革的有效途径，既有助于实现粮食安全、资源高效、环境保护、乡村振兴、绿色减排的多目标协同，又有助于链接绿色生产—绿色产品—绿色产业—绿色环境—绿色政策，探索出以全产业链绿色发展为核心的科技创新以及应用新模式。

三、推进农业供给侧结构性改革的关键着力点

（一）推进农业供给侧结构性改革，要以市场导向为关键切入点

从供给端发力，优化农业供给结构和资源配置，淘汰落后的生产模式，推动供给结构和需求结构优化升级，使供给数量、品种和质量不断满足市场需求。推进农业供给侧结构性改革，不是着力于少种点什么、多种点什么的总量平衡与数量满足，而是基于中国农业发展已进入新的历史阶段的重大判断，着力于实现由数量增长向质量安全转变、由生产导向向消费导向转变、由政府直接干预向发挥市场决定作用转变、由单纯粮食安全战略向多重战略目标转变这样一个从田间到餐桌的深层次、全方位变革，是农业发展思路的战略转型。

（二）推进农业供给侧结构性改革，要以增加农民收入、保障有效供给为主要目标

以提高农业供给质量为主攻方向，以体制改革和机制创新为根本途径。通过深化生态产品供给侧结构性改革，不断丰富生态产品价值实现路径，创新农村新型农业经营模式，培育绿色转型发展的新业态、新模式，倡导将农业生产纳入现代产业链中，实现规模效益和产业链条的完善，通过社会化的方式推动农业的发展和提高农产品的附加值，让良好环境成为经济社会持续健康发展的有力支撑，为培育经济高质量发展提供新动力。

（三）农业供给侧结构性改革的核心是提高农业生产效率和质量

要坚持市场导向，跟上消费需求升级的节奏，优化供给结构，不仅满足人民群众对优质农产品的需求，还要满足农业观光休闲等服务性需求，满足对良好生态的绿色化需求。要在数量上提高有效供给，在确保存量生态产品的基础上寻求增量生态产品，保证现有优质自然资源不被破坏和过度消耗；在质量上提升服务功能，通过高质量生态建设和环境治理，不断提升生态产品的附加值。要推动农业转型升级和功能开发，将乡村生

态优势转化为发展生态经济的优势，提供更多、更好的绿色生态产品和服务，促进生态和经济良性循环。

（四）推进农业供给侧结构性改革，关键在完善体制、创新机制

要紧紧围绕使市场在资源配置中起决定性作用和更好发挥政府作用，加快深化农村改革，厘清政府和市场的关系，全面激活市场、激活要素、激活主体。推进粮食等重要农产品价格形成机制和收储制度改革，是使市场在农业资源配置中起决定性作用的基础；深化农村产权制度改革，健全产权制度、加强产权保护，是盘活农村资源要素、激发农村发展活力的根本措施；改革财政支农投入使用机制，加大政府投入引导和支持力度，加快农村金融创新，综合运用财政税收、货币信贷、金融监管等政策，强化考核激励约束，推进农业供给侧结构性改革；健全农村创业创新机制，推动农村第一、第二、第三产业融合发展和农民就业增收。

第二节　典型案例

一、安徽岳西："中国有机农业的摇篮"——推进绿色发展，增强农业可持续发展能力

（一）【案例背景】

近年来，有机农业的发展增速明显加快，国家认证认可监督管理委员会 2023 年数据显示，我国有机作物种植面积位列全球第 7 位，总产量达 1 789 万 t 以上；有机畜禽及动物产品 239 万 t，有机水产品 55.6 万 t；总产值 2 482 亿元，总销售额 952 亿元，已经进入全球排行榜的第 4 位。有机农业产品中野生采集总产量超过 93 万 t，涉及采集面积 200 多万 hm^2。

因地制宜优化构建有机农业生产与经营模式，着力规范我国有机农业的高质量发展，可以更好发挥出有机农业的高值经济效益与生态环保功能。实施乡村产业振兴，

必须增加优质农产品供给，实施有机农业生产，必须引领优质农产品开发，推动有机农业健康发展，从而为生态产品价值的实现开拓有效途径。

岳西位于安徽省西南部，大别山腹地，特殊的地理位置让岳西曾成为交通闭塞的国家扶贫开发重点县、大别山连片特困地区片区县，生态环境状况指数居全省前列，被列入国家重点生态功能区，属限制开发区域。岳西还是传统农业大县，是最早开展有机农业生产地区之一。因此，岳西坚持生态立县，立足生态优势，盘活生态资源，开发生态产品，将全域有机和全产业链有机的理念贯穿于产业发展全过程，打好全域有机“生态牌”，由政府主导、企业投资管理、市场化运营，探索出“龙头企业＋合作社＋农户”脱贫模式，打通有机农产品销售渠道，促进贫困户大幅增收。

（二）主要做法

1. 机制保障，筑牢有机发展之魂

岳西县政府成立有机食品发展中心岳西办公室，强化组织领导，健全工作机制，加强各职能部门的协调，建立健全党委和党政府领导、部门齐抓共管、分工协作配合的工作推进机制。探索有机食品产业发展机制和模式，创建提供有机农产品生产资料，包括产地、人员、投入等，产品条形码信息以及系统查询，建立有机农产品从“田头到餐桌”质量信息快速、高效追溯体系，完善有机食品产业的全过程监管机制。

2. 政策推动，打牢有机发展之基

岳西县坚持以有机产业发展规划为统领，出台促进现代农业绿色发展的若干政策，加大县级财政的资金扶持力度，实施以奖代补激励政策。将有机产业发展纳入乡镇和单位年度生态文明建设和环境保护目标考核。对有机食品认证基地 100 亩以上的企业给予 3 万元奖励，对有机食品认证企业给予 0.5 万元奖励。每年安排 100 万元科研经费，支持县特色农业研究所进行科研、试验。

3. 双有机发展，助力农业产业提档升级

一是全域有机发展。岳西县坚持有机农业与农产品深加工业、乡村文化旅游业融合协同发展，因地制宜、突出特色，探索出了现代农业高质量发展的岳西路径。利用

举办中德合作有机农业项目20周年研讨会和高峰论坛以及中国生态文明建设大讲堂走进有机农业摇篮岳西系列活动，不断提升岳西有机产品影响力。

二是全产业链有机发展。培育有机龙头企业，引导企业向科技型、规模型、带动型方向发展，使企业、农户良性互动和效益倍增。徽记农业开发有限公司坚持从育苗研发到产品深度开发，提高有机食品的附加值，强化全产业链有机，拥有“徽相印”等9个自主品牌，产品销往全国各地，2019年销售瓜蒌籽超5 000多t，产值超3亿元，带动贫困户1 000多户，使贫困人口5 000多人受益。

4. 四个结合，实现有机产业可持续发展

一是坚持与人与自然和谐发展相结合，走绿色发展之路。各乡镇、村结合生态创建，以有机食品基地建设为切入点和推动力，在实践创新中走出了一条“绿水青山就是金山银山”共生之路、转化之路、统一之路，不断探索出绿色银行、生态延伸、生态惠益等“绿水青山”向“金山银山”转化路径。

二是坚持与生物多样性保护和生态保护补偿减贫示范相结合。把绿色发展理念贯穿于精准脱贫全过程，走出了一条“绿水青山就是金山银山”的生物多样性保护与减贫协同发展之路。“生态水也是黄金水”，“常青树也是摇钱树”，鹞落坪国家级自然保护区每年获得水生态保护补偿资金500余万元，实施公益林差异化生态保护补偿，每年政府拿出80万元采取直接补偿农户的办法进行差异化生态保护补偿。开发千余个生态护林员、公益林护林员岗位，直接带动贫困人口脱贫。

三是坚持与环境综合治理相结合，有效促进农业面源污染防治。把污染防治融入农业生产中，出台茶园施用有机肥土壤改良的优惠政策，连片30亩以上，每亩补助300元，鼓励农民使用有机肥，从源头上控制减轻农业面源污染。通过调整农业发展思路，以开发有机产业为抓手，发展“环城、环山、环湖（库）、环自然保护区”有机农业，探索环境保护和经济建设协调发展双赢模式，改善农村生态环境。

四是坚持与品牌提升相结合，切实提高农产品价值。围绕农业标准化战略，积极推进有机农产品等“三品一标”认证，因地制宜发展区域特色经济，形成主簿镇高山茭白“一镇一品”、主簿村“一村一品”等品牌。打造安徽省乃至全国重要的有机绿色农产品基地，不断增强农业经济整体竞争力，提升有机食品的社会认知度和公信力。如包家乡石佛寺茶叶经过实施有机种植，价格由 200 元 /kg 逐步提高到 2019 年的 6 000 元 /kg，最高价格可达到 20 000 元 /kg。

（三）【经验启示】

加快提升绿色、有机农产品供应质量和规模，是提质量、增效益、促对接、占高端，推进供给侧结构性改革的具体举措。强化有机农业产品生态价值认识，着力拓展实现路径。与常规农业相比，有机农业的生态环保功能突出，对生态环境的影响具有公共物品的特征，推动生态产品价值实现可以推动有机农业正外部性内部化，增加绿色优质农产品供给，促进有机农业高质量发展。有机农业对生态环境的有益性，可以使广大城乡居民受益。生产者提供优质生态产品供人们选择享用，必须做到优质优价与诚信经营，得到消费者的肯定，形成良性循环。生产者可以利用良好生态环境生产有机产品，带来更加高效的经济效益，进而驱动扩大种植面积与养殖规模。有机农业的循环利用特性，可以实现产业内的物质能量循环，如有机种植业和有机养殖业可以互享双方带来的资源节约与环境友好效应。要拓展优质的生态产品价值实现路径，需要完善政策支持、科技赋能，促进市场引领、优质优价，扩大基地、示范带动等措施，有效创新实现方式，促进有机农业高质量发展，实现有机农业的多功能价值。

二、山东菏泽：一朵花激活一座城——发展特色农业，提升品牌溢价效应

（一）【案例背景】

发展特色农业对解决“三农”问题具有重要现实意义，建立现代化特色产业体系，优化农业产业结构，以绿色、创新、发展的眼光实现农业供给侧结构性改革。特色农业作为连接城市经济与农村经济的纽带，其发展程度直接关系到农村工业化的进程，通过发展特色农业，促进县域第二、第三产业发展，吸引农村富余劳动力就地、就近转移，更好地发挥聚集效应，从而提高农村生产力水平和农业生产效率。立足特色农业，重视农业资源的科学开发和利用，对发挥资源优势、加强对农业生态环境的保护

和改善，具有特别重要的意义。

党的二十大报告提出，发展乡村特色产业，拓宽农民增收致富渠道。依托农业农村自然条件、社会经济状况和历史文化传统等特色资源，各地开发农业多种功能、挖掘乡村多元价值，强龙头、补链条、兴业态、树品牌，打造具有独特品位和功能的农产品，推动乡村特色产业全链条升级，增强产品市场竞争力和产业可持续发展能力。目前，全国已累计建设 180 个优势特色产业集群、300 个现代农业产业园、1 509 个农业产业强镇，认定国家重点龙头企业 1 952 家，绿色食品和有机农产品有效用标产品达 6 万余个。

牡丹是菏泽的特色，牡丹产业更是菏泽的特色优势产业。2013 年 11 月 26 日，习近平总书记考察菏泽市尧舜牡丹产业园，对菏泽发展牡丹产业、探索牡丹加工增值、带动农民增收致富的情况进行了具体了解，并指出，一个地方的发展，关键在于找准路子、突出特色。

牡丹花可赏、根入药、籽榨油、蕊制茶、瓣提露……菏泽牡丹特色产业，从单一种植、种苗、切花、观赏向医药化工、日用化工、食品加工、营养保健、畜牧养殖、工艺美术、旅游观光、食用菌、新型材料九大领域不断延伸，形成全产业融合发展的完整链条。从一朵花到牡丹全产业链，实现了立体综合性大开发，使得菏泽牡丹绽放出绚丽的产业之花。

（二）【主要做法】

1. 突出规划引领，促进牡丹产业发展

一是坚持高位推动。在牡丹种植、牡丹文旅、牡丹产业等方面明确发展方向，为此，菏泽市委、市政府印发《关于做好牡丹产业基地建设工作的意见》《菏泽市牡丹产业发展总体规划》等指导文件，采取细化龙头带动、市场拉动、创新驱动、政策推动等综合措施，致力于将牡丹打造成牡丹产业的发展核心区。二是加大资金投入。设立牡丹产业发展专项资金，集中扶持产业基地建设，对牡丹产业龙头企业和重点工程给予贷款贴息，列支专项经费，扶持牡丹产业发展，设置牡丹产业奖项，激发广大牡丹从业者的积极性，建立牡丹产业化发展基金，引进金融资本解决牡丹产业增量资金

问题，促进牡丹产业化开发与发展。

2. 注入创新元素，持续强化产业培育

一是坚持创新发展。自1992年起，菏泽市每年定期举办菏泽国际牡丹文化旅游节，将之逐渐发展成为融文化展演、旅游观光、经贸洽谈为一体的大型综合性文化旅游盛会，全方位展示菏泽市经济社会发展成果；菏泽市又创新性地举办了世界牡丹大会、菏泽文化旅游发展大会，菏泽市将中国牡丹之都这张“城市名片”打造得更加亮丽。二是积极培育景点景区，注重融合展示菏泽特色。以牡丹为桥梁，串联起菏泽众多文旅产业，向国内外宣传推介菏泽的城市之美与人文历史。近三年菏泽牡丹产品参展北京世园会、上海花博会等国际节会十余次、获奖近400项。“花开盛世、锦绣春光”等巨幅工笔牡丹画惊艳青岛上合峰会、上海进博会；题为《盛世长虹》的牡丹画走出国门在纽约时代广场大放异彩，搭建了菏泽绽放全国、走向世界的“牡丹桥”。

3. 培育特色品牌，推动产业多元融合发展

坚持“企业为主、政府推动、多方参与”原则，集中力量建设菏泽牡丹区域品牌；制定区域品牌使用标准和管理制度，建立菏泽著名品牌评价体系；积极开展牡丹品牌评定工作，对符合条件的产品颁发“菏泽著名牡丹品牌”荣誉证书；大力做好牡丹企业“三品一标”认证工作，塑造品牌形象，打造有影响力的地方区域品牌。通过打造牡丹籽油加工产业链条、生物医药产业链条、营养保健产业链条、日用化工产业链条、食品加工产业链条、副产品综合利用产业链条、文化休闲旅游产业链条等多种产业发展形式，实现牡丹产业发展与经济社会高质量发展的同频共振。

4. 推进产业变革，全面激发牡丹产业的内生动力

一是强化创新引领产业转型，引入多元化、专业化、规模化等发展理念，从政府到花农不断加大牡丹栽培技术研发创新投入，设立“中国牡丹之都卓越贡献奖”，全力抓好牡丹产业创新发展。二是强化全产业链条技术支撑，每年递增的科技研发投入和日益完善的研发平台成为牡丹产业提质升级的重要保障，与众多科研单位建立牡丹研发合作关系，为牡丹产业迭代升级提供技术支持，使牡丹花用、药用、油用、饲用、美用、蜜用等价值开发商不断实现突破发展。三是强化“互联网+”融合发展，把发展电子商务作为牡丹产业深度融合的重要抓手，打造“直播之城”，创建“国家电子商务示范城市”，“直播经济”正在成为菏泽牡丹产业发展新的增长点。

（三）【经验启示】

菏泽牡丹特色产业“以小见大”，始终坚持创新发展、协调发展、绿色发展、开放发展、共享发展，体现了发展观、生态观、价值观的转变提升。特色既是一方水土的独有标识，也是农业产业实现差异化发展、提高市场竞争力的内在优势。发展现代农业产业，要依托当地资源禀赋、生态环境，综合考虑土地、气候、人文、劳动力等条件，突出特色化、差异化、多样化，因地制宜培育具有自身标识、市场需求，能形成竞争优势的特色产业。只有强化市场意识和市场思维，跳出本地看本地，善于站在消费者的角度和市场端去思考和谋划，在特色上做足文章，做到“人无我有、人有我优、人优我特”，才有可能让农产品出村、出彩，才能把资源优势转化为产业优势、经济优势。农业品牌建设是推进农业供给侧结构性改革的基本路径，要以品牌塑魂为战略抓手，注重品质提升、品牌建设，加快实现品牌溢价和附加值提升，切实增强特色优势农产品的行业话语权与市场竞争力。

三、上海金山：智慧农业——推进创新驱动，增强农业科技支撑能力

（一）【案例背景】

科学技术是第一生产力，创新是第一动力。2023 年 9 月，习近平总书记在黑龙江考察时强调，把发展农业科技放在更加突出的位置。农业农村部数据显示，2022 年我国农业科技进步贡献率达到 62.4%，智慧农业是推进农业现代化的有效实践，有助于提升农业经营效益、优化要素资源配置、协调农业生产与环境保护之间的矛盾，为农业领域生态产品价值实现的各环节赋能，从而加快农业现代化进程。党中央、国务院高度重视智慧农业建设，把发展智慧农业作为建设数字中国、实施乡村振兴战略的重要内容。

农业用地占 1/3 的上海西南远郊金山区，不断推动农业新旧动能转换，通过科技赋能，推动农业向科技化、智能化、信息化、精准化加快迈进，为乡村振兴插上腾飞

翅膀。2023 年 4 月，金山区成功创建首批全国农业科技现代化先行县。优质品种、先进技术、科技人才在金山的农田不断孕育成长，从这里飞向全国各地的农业品牌不胜枚举。用深耕细作探寻超大城市农业的“流量密码”，农业机器人、楼房养猪场、中央厨房、智能温室……金山区立足自身农业资源禀赋，依托与农业科研院校的合作平台，不仅成功引进了一批瓜果蔬菜品种，培育了一批农业技术人才，还打造了一批科技支撑基地和科技示范基地，目前，全区已有 35 个农业数字化基地纳入数字农业场景发展范围，科技 + 都市现代农业的路越走越宽。

（二）【主要做法】

1. 研发 + 推广双轮推动技术落地

上海首个农业机器人研发中心坐落在金山，上海点甜网络科技有限公司（以下简称点甜）是集研发、科创、休闲于一体的现代化农业人工智能科创综合体，集成智能算法、视觉识别、定位导航、神经网络、结构学、运动学、流体力学、电气及自动化等技术，开展综合农业人工智能机器人的研发。点甜在上海设有 5 000 m^2 研发中心和 300 亩试验基地，已研发包括 AI 旋耕、做畦、播种、植物保护、采收等多款应用于园艺、大田、果林三大板块的智能机器人。金山区亭林镇以“智汇瓜田”农业科技种植为示范点，经政府“牵线搭桥”，合作社与镇域内的上海华维可控农业科技集团股份有限公司达成合作，引进 ACA 可控农业生产模式，实现温室内的空气温湿度、土壤温湿度、二氧化碳、光照、图像等实时环境数据的监测，根据系统内置的作物生长模型和专家决策系统可以智能调控雪瓜生长所需的水、肥、气、光、热，用户可通过电脑端、手机 App 进行远程控制，实现“一图观全局、一网管全程、一人通全岗、一库汇所有”的应用场景，大幅节省劳动成本，提高生产效率。

2. 数字化 + 信息化为农民赋能

上海金山的廊下镇吸引了荣美等大型食用菌企业落户此地，通过建立龙头企业 + 合作社 + 农户的利益联结机制，进一步带动周边农民增收致富。在蘑菇现代化联栋大棚里，通过电脑自动控制环境温度、湿度以及二氧化碳浓度等参数，模拟出适宜气候，全年蘑菇种植可实现 11 个周期，每平方米年产量是传统种植的近 40 倍，蘑菇种植正成为农民致富新路子。枫泾九丰现代智慧农业博览园在农业全产业链上形成农文旅的“大乐园”。博览园总规划面积2 000亩，陆续推进全环境智能温室、连栋温室、冷链物流配送中心、现代农业综合服务中心、休闲主题公园、康养中心等工程。目前一期已经建成运营，拥有自行设计的亚洲最大单体玻璃温室，单体10万m^2的全环境智能温室种植了100多种茄果类蔬菜，每天上市6 t左右。园内采用全自动潮汐栽培设备、智能机器人设备以及全自动喷淋设备，让农业彻底告别看天吃饭的日子，种植步入智能化、工业化时代。

3.“专+精”商业思维成就都市农业发展

在超大城市近郊，精细化管理和生态循环理念相得益彰。积极推动农产品电商、订单销售、自媒体销售等特色渠道的建立与完善，以“鑫品美”草莓联合体为例，其先后与上海至云科技软件有限公司、拼多多、苏宁易购、叮咚买菜、诚实果品、上海农展馆鱼米之乡等建立合作，开展农产品订单式销售。总投资2.17亿元、占地102亩的廊下松林，是沪郊别具特色的“四层楼房”规模化生态养猪场，年出栏商品猪8万头。配套建有生猪育肥舍、饲料加工厂、生猪粪污处理中心以及职工生活等功能区，形成集生猪饲料生产、生猪育肥、生猪粪污处理资源化利用于一体的运作模式。依靠厂区的物联网以及智能化设备提供的数据，即可实施远程控制猪场的温度、湿度及监控整个养猪场。与传统猪场同等规模相比，“楼房养猪”项目可节省用地面积80%，节约用电36%，饲养人工节省50%，排污量减少40%，通过猪粪发酵产生沼气发电，沼液供周边粮田和蔬菜基地使用，常年减少化肥成本支出近200万元。

（三）【经验启示】

智慧农业是加快实现农业现代化的重要举措，是未来农业发展的主要方向，对推动乡村全面振兴具有重要意义。在当今社会，农业领域正在经历着数字化和智能化革命，而智慧农业产业链正成为塑造农业绿色未来的关键推动力。通过整合先进的技术和创新的管理模式，智慧农业产业链不仅可以提高农业生产的效率，还为农业注入了更多的生态友好元素，助力农业生态产品价值实现。尽管智慧农业建设如火如荼，但是我国农村信息化基础差、发展不平衡的情况并没有得到根本性的扭转。从供给侧来看，面临资金投入、技术创新、人力资本等关键要素缺乏的窘境；就需求侧而言，市场发育不成熟和农民接受度不高对智慧农业的实施提出了新的要求。金山区智慧农业的成功实践不仅有赖于背靠上海的科学技术优势，还在于科学的产业发展规划，特别是智慧农业领域专项技术研发的不断投入和农业经营主体应用能力的不断提升，这也为我国其他地区推进智慧农业提供经验借鉴。

四、河北迁西：花乡果巷田园综合体——推进农村改革，激发农业农村发展活力

（一）【案例背景】

田园综合体作为农业综合开发的一种新尝试，为农业供给侧结构性改革提供了有益探索。2017 年 2 月，田园综合体作为乡村新型产业发展的措施被写进中央一号文件，2017 年 5 月，财政部下发《关于田园综合体建设试点工作通知》，明确重点建设内容、立项条件及扶持政策，深入推进农业供给侧结构性改革，适应农村发展阶段性需要，遵循农村发展规律和市场经济规律，围绕农业增效、农民增收、农村增绿，积极探索推进农村经济社会全面发展的新模式、新业态、新路径。“大国小农”是我国的基本国情，要处理好培育新型农业经营主体和扶持小农生产的关系，农业生产经营规模宜大则大、宜小则小。在鼓励发展多种形式适度规模经营的同时，要统筹兼顾培育新型农业经营主体和扶持小农户。提升新型农业经营主体规模经营水平，完善利益分享机制，更好地发挥带动农民增收、提高农民素质的引领作用，对推进农业供给侧结构性改革、加快建设农业强国具有十分重要的意义。

迁西县东莲花院镇是一个典型的山区乡镇，全镇总人口约 1.4 万人，无业或没有外出就业的劳动适龄人口不到 3 000 人，历史上以种植业为主，无工矿企业，山多地少，经济作物种类落后，村民收入低。为改善东莲花院镇经济落后现状，增加群众收入，借助 2017 年中央一号文件提出的田园综合体的概念，迁西县在东莲花院镇打造了以五海庄园为主体的花乡果巷田园综合体，其是全国第一批十大田园综合体，也是河

北省唯一一家国家级田园综合体——花乡果巷的核心企业。该企业依托燕山独特的山区自然风光，以“山水田园、花香果巷、诗画乡居”为规划定位，以生态为依托、以旅游为引擎、以文化为支撑、以富民为根本、以创新为理念、以市场为导向，致力建设生态优良的山水田园，百花争艳的多彩花园，硕果飘香的百年果园，欢乐畅享的醉美游园，群众安居乐业的幸福家园。

（二）【主要做法】

1. 探索建立农村专业合作组织体系

花乡果巷田园综合体利用全省供销合作社综合改革试点的有利契机，构建市、县、乡、村四级农民合作组织网络体系，即以市供销社为龙头，以县供销合作社联合社为平台，以乡供销合作社为纽带，以农民专业合作社为基础，大力推进集“组织 + 经营 + 服务”于一体的新型供销合作组织体系建设，充分发挥四级供销合作组织在政策指导、产权交易、资金互助、电子商务、安全保险、资产运营、担保融资、技术培训 8 个方面的职能作用。

2. 创新探索“三三六”利益分配机制

“三三六”的第一个“三”是指企业以农业生产经营、产品加工销售、旅游从业服务三项为主要收入来源；第二个“三”是指村集体以集体土地、集体资产、集体发展的各级财政资金三项合计，按照出资额度转化为股份并参与企业分红；“六”是指村民通过原有水杂果的种植、林下土地流转、流转土地经营管理、劳务输出、旅游从业、村集体股权分红六项途径获得收益。以五海庄园为例，作为生产经营主体的五海庄园流转东莲花院镇所属 5 个自然村的 1 050 亩土地，流转费用 1 000 元 / 亩，种植猕猴桃，建设标准农业设施大棚。周边农户回到五海庄园务工，其中一部分人员从事农业工作，另一部分从事旅游服务工作，工资收入每人每月 2 400～4 200 元不等，目前庄园有固定务工人员 75 人，临时季节用工每年 2 000 人次，带动周边 100 户就业。迁西县通过改革创新，理顺了政府和市场关系，激活市场、激活要素、激活主体，改造和提升农业传统动能，培育和增强了农业农村发展新的动力。

3. 公司制定分包模式

经营模式可归纳为企业＋农户＋合作社。企业将种植基地分块发包给农户，农户取得人均年收入3万元的基本务农工资收入，企业提供猕猴桃生长所需的全部原材料及管理技术，农户负责日常的种植管理，待果实成熟后，公司统一进行推销售卖，农户获得销售收入10%左右的分成，实现了合作分成的模式，按销售模式及果实种类的不同，提取的收益也不同。园区发展的同时带动周边村新增30余家精品民俗和农家乐，辐射带动周边村民直接或阶段性（旅游旺季、农忙等）就业。2022年，区域内12个村的近万名村民因此项目的带动和辐射人均增收8 000元。村民的钱袋子鼓起来了，这正是农业供给侧结构性改革取得成效的重要体现。

（三）【经验启示】

现代化建设越发展，物质生活越丰富，人民群众越喜欢山清水秀的田园风光。花乡果巷田园综合体围绕绿水青山的多元化资源做大生态富民的新产业，坚持以人为本，大力发展生态高效农林业、生态循环加工业、生态休闲旅游业、生态养生人居业等“生态＋”的美丽经济，五海庄园已形成“可览、可游、可摘、可居、可食”的环境景观和集“自然—生产—游玩—休闲”于一体的农游景观综合体，使之成为生态富民的新产业。田园综合体作为休闲农业、乡村旅游的创新业态，是城乡一体化发展、农业综合开发、农村综合改革的一种新模式和新路径，以农民合作社为主要载体，让农民充分参与和受益，集循环农业、创意农业、农事体验于一体，正是利用农村特有生态优势，加快向经济优势转变，实现绿色惠民富民的重要举措。

五、山东蒙阴：生态循环产业链条——推动农业转型升级，提升农业生态产品价值

（一）【案例背景】

循环农业作为一种环境友好型农作方式，具有较好的社会效益、经济效益和生态效益。实施农业资源循环利用，有效促进了农业绿色高质量发展，实现了生态效益与

经济效益“双赢”。近年来，国家把种养结合循环农业发展提到了前所未有的高度，相继出台了多个重要文件、规划和指导性意见。按照“以种带养、以养促种”的种养结合循环发展理念，以就地消纳、能量循环、综合利用为主线，构建集约化、标准化、组织化、社会化相结合的种养加协调发展模式，促进农业可持续发展。鉴于政策利好频出，实施农业种养结合战略将具有极其重要的意义。

蒙阴县位于沂蒙山区腹地，素有“七山二水一分田”之说，境内林木覆盖率73%，大小山头520座、河流178条、水库103座，有中国五大造型地貌之一的岱崮地貌。蒙阴县统筹推进自然生态、经济生态、社会生态、政治生态建设，大力发展生态循环的链条式农业，推进产业绿色转型，把生态富民理念融入经济社会发展各方面和全过程。2023年，蒙阴县坚定生态立县、生态富民、生态强县“三步走”实践路径，印发《关于实施全域绿色生态循环农业三年行动的工作方案》。加快转变全县循环农业发展方式，构建全域绿色生态循环农业大格局，形成镇域全效全产业“循环圈”，县级全域全环节“循环网”，促进农业产业生态化、循环绿色化、经济高值化，实现农业资源安全高效顺畅转换。

（二）【主要做法】

1. 构建“兔—沼—果”生态循环产业链条

蒙阴县依托丰富的林草资源，利用自身的果树种植和家畜养殖条件，把蜜桃种植、长毛兔养殖和沼气建设结合起来，利用桃树落叶加工成饲料喂养长毛兔，兔粪进入沼气池发酵，生产的沼气用来做饭、照明，沼渣沼液用来为桃树施肥，构建形成“兔—沼—果”生态循环农业模式，既提升了果、兔产业附加值，又为果树提供了有机肥料，减少了化肥使用，提高了果品品质，实现了经济效益和生态效益“双赢”。目前蒙阴县70%的村采用“兔—沼—果”模式，长毛兔饲养量达600万只，年产兔毛4 000 t，是中国长毛兔饲养第一大县。种植蜜桃面积71万亩，品种200余个，产量居全国县区首位。

2. 构建“果—菌—肥”生态循环产业链条

蒙阴县将百万亩林果每年产生的12万t果树枝变废为宝。以果木果枝为基料，粉碎制成菌棒菌袋，接种菌种培养后用于养殖蘑菇，再利用“废菌包或细小果木枝条+畜禽粪便+微生物菌剂”的轻简化堆肥技术，制成生物有机肥还田，达到资源利用最大化、最优化，构建形成“果—菌—肥”循环农业模式，既避免了化肥过量使用带来土壤酸化的影响，又使土壤有机质平均提高35%。一亩大棚香菇以1万个菌棒计算，纯收入可达4万元。目前，蒙阴县建成香菇种植基地1 500亩，年产菌棒1 000万棒，产品出口日本、韩国、欧盟等国家和地区，被评为全国优秀香菇出口基地县。

3. 构建“农—工—贸”生态循环产业链条

依托林果业和畜牧业等传统大产业，蒙阴县积极推动发展特色加工业。以精深加工为重点，以“中国罐头工业十强企业”的山东欢乐家食品有限公司为依托，开发出果汁、果酒等36个系列210种产品，果品深加工能力达到30万t，产品畅销全国各地，并出口至美国、加拿大等20多个国家和地区。为了从根本解决产品销售问题，蒙阴加速发展电商产业。以蒙阴蜜桃、板栗等为主打产品，探索构建“联配联送”模式，发展电商微商5 100多家，电商网络零售额6亿多元，成为“中国电子商务示范县”和“国家电子商务进农村综合示范县”。利用蒙阴特有的生态优势，大力发展全域旅游产业。按照地域分布特点，每年选取10个示范村、20个精品村、30个重点村，梯次建设美丽乡村；打造“崮秀天下、世外桃源”的全域旅游品牌，并在央视推出县域形象宣传片，成为中国十佳休闲旅游名县；2021年接待游客突破750万人次，旅游总收入近60亿元。为使产业结构适应新时代、新要求，蒙阴积极发展商贸、物流运输业。围绕果品冷藏，建成各类果品恒温储藏设施90处，建设大小果品交易场所320余处，果品储藏能力达2.5亿kg；围绕果品运输，筹备大型运输车辆2万多辆，从业人员6万多人，车辆保有量和从业人员数均居全国县级城市前列，形成了覆盖山东省、辐射全国的物流运输网络。目前，蒙阴县建设优质农产品基地65万亩，累计认证“三品”品牌188个，良好农业规范（GAP）认证产品2个，农业农村部农产品地理标志认证产品4个，“蒙阴蜜桃”品牌价值266亿元，列入“中国农产品百强品牌”，蒙阴成为山东省特色农产品优势区和国家农产品质量安全县。

（三）【经验启示】

循环农业的发展有利于转变农业发展方式、发展农业循环经济、治理农业生态环境、提高农业竞争水平，有利于加快建设资源节约型、环境友好型农业，促进农业发展、生态协调、环境改善相互融合与有机统一。蒙阴县加强顶层设计，大力提升人居环境，将生态美、生产美、生活美融入生态文明建设全过程，全力构建生态循环链条，既让山头绿，又让群众富，形成生态与富民契合的循环产业链条，全面推动绿色循环发展。生态循环农业的关键是生态循环，绿色循环农业模式适用于以农业为主导功能的地区，一方面表现在农业废弃物资源化利用，既保护了环境，又实现农业提质增效，另一方面表现在延伸特色农业链条，通过实行产业转型升级和绿色化改造，推动农业转型升级，提升农业生态产品价值，实现生态与农业、农村、农民的互利共赢。

第四章

农业多功能性与乡村振兴

农业多功能性是指农业具有经济、生态、社会和文化等多方面的功能，它最终来源于土地的多效用性，并由土地资源边际效用所决定的土地资源价值量来衡量。农业多功能性概念的提出可追溯至20世纪80年代末至90年代初，1992年联合国环境与发展大会通过的《21世纪议程》采用了农业多功能性提法。1996年世界粮食首脑会议通过的《罗马宣言和行动计划》中明确提出将考虑农业的多功能特点，促进农业和乡村可持续发展。2021年，我国颁布了《中华人民共和国乡村振兴促进法》，规定本法所称乡村，是指城市建成区以外具有自然、社会、经济特征和生产、生活、生态、文化等多重功能的地域综合体，暗含了农业多功能性理念。

2021年11月，农业农村部发布的《关于拓展农业多种功能　促进乡村产业高质量发展的指导意见》明确指出，强化农业食品保障功能，拓展生态涵养、休闲体验、文化传承功能。在确保粮食安全和保障重要农产品有效供给的基础上，以生态农业为基、田园风光为韵、村落民宅为形、农耕文化为魂，贯通产加销、融合农文旅。不断拓展农业多种功能，促进乡村产业高质量发展。在社会需求日益多元化的背景下，充分发掘农业多种功能，多向彰显乡村多元价值，提高优质绿色农产品、优美生态环境、优秀传统文化产品供给能力，对于推进乡村全面振兴具有重要意义。

第一节　理论基础

一、发挥农业多功能是促进乡村全面振兴的重要途径

发挥农业的多功能性有助于推动第一、第二、第三产融合，促进乡村产业振兴。通过推动农业现代化，提高农业生产效益，加强农产品的加工和品牌建设，实现农产品由粗放型生产向精细化、品牌化发展，为第一产业注入新的活力。农业多功能性强调生态环境的保护，通过发展有机农业、绿色农业等方式，为第二产业提供生态原材

料，推动农村产业链的延伸和升级。农业多功能性注重农村社会服务功能，推动农村旅游、文化产业的发展，为第三产业提供新的增长点，促使农村实现产业多元化发展。拓展乡村的多种功能，将进一步拓宽乡村各种资源和要素的利用空间，衍生乡村新产业、新业态，为农民就业增收提供更多渠道。

发挥农业的多功能性有利于保护乡村生态环境，促进乡村生态振兴。强调农业的多功能性，可以促使人们重新审视农业的地位，农业的多功能性一定是建立在“生态优先、绿色发展”的基础上，不但要确保农业生产的地位，更注重社会、生态、文化、景观等多种效用，以这样的模式经营农业与乡村，农田的涵养水源、保持水土、防风固沙、调节气候、四季景观等功能会越来越好，山丘、森林、溪流、湖泊、湿地、草原等景色会越来越美，农田和村舍可作为景观供游客观赏，村庄和乡村可作为景区供游客游览。由此，美好田园景色和美丽乡村就成了乡村的“主色调”，有助于实现乡村经济的可持续发展。

发挥农业的多功能性有助于弘扬乡土文化，促进乡村文化振兴。中华传统文化特别是农耕文化的根脉源于乡村，多功能农业的发展，将会助推农耕文化的挖掘、传承和弘扬，促进城乡沟通实现社会和谐发展。多功能农业发展，强调要保护好农业遗迹、古代灌溉工程、传统村落、独特民居以及农业文化遗产。同时，也强调保护好那些植根于乡土的非物质文化遗产，如乡土民间手艺、戏曲曲艺、武术秧歌、小调渔歌等。另外，我国各民族的民间习俗、节庆活动等，在维系乡土和睦人际氛围和营造乡村和谐社会等方面也有不可替代的作用。现阶段，乡土文化通过多功能农业的发展会更加深入人心，也会在农业产业融合发展中促进城乡沟通、推进和谐社会的构建。

二、拓展农业多种功能与挖掘乡村多元价值协同共进

突破单一的农产品生产功能，拓展乡村的生态和社会功能，有利于提高投入产出效率，抵消乡村就业人数减少和劳动力外流造成的负面影响。农业的多种功能有助于将生态产品转化为物质产品和文化服务产品来实现其价值，实现模式主要有生态农业、生态旅游和“生态 +”产业融合 3 种。建立多元的乡村生态产品价值实现机制，将乡

村蕴藏的丰富生态资源转化为富民资本，提升乡村生态产品效益，是拓展农业多功能性的重要动力和突破点。

（一）拓展乡村的产品功能

以绿色发展引领乡村振兴，促进物质类生态产品供给，形成同市场需求相适应、同资源环境承载力相匹配的现代农业生产结构和区域布局，推动形成农业绿色生产方式。发展生态循环农业，实现产业模式生态化，提高农业可持续发展能力。发挥农村生态资源丰富的优势，吸引资本、技术、人才等要素向乡村流动，通过改革创新让自然风光等要素活起来，带动农民增收。

（二）拓展乡村的生态功能

一方面，依托乡村的田园风光、森林、草地、水域、湿地、特殊地貌等发展生态旅游、生态康养、生态研学等；另一方面，农村环境直接影响米袋子、菜篮子、水缸子、城镇后花园，要充分发挥乡村的生态涵养功能，加强农村生态文明建设，农村生态环境好了，土地上就会长出“金元宝”，生态就会变成“摇钱树”，田园风光、湖光山色、秀美乡村就可以成为“聚宝盆”，生态农业、养生养老、森林康养、乡村旅游就会红火起来。

（三）拓展乡村的文化功能

充分激发农民在乡村文化建设中的主体作用，培育人与自然和谐共生的乡村生态文化。利用特色民族村寨的建筑、民族歌舞、节庆活动、农事活动等，发展乡村休闲农业和体验农业；依托乡村特色饮食发展农家乐和民宿等；依托乡村的非物质文化遗产发展手工艺品产业，把非物质文化遗产转化为乡村文化产业，为农民特别是为广大农村妇女提供就业门路和增收机会。

三、乡村全面振兴背景下挖掘农业多功能性的实施路径

推动乡村振兴就要充分挖掘农业的多种功能和价值，整合资源要素，培育乡村经

济发展新动能，加快构建现代农业产业体系、生产体系和经营体系。在全面实施乡村振兴战略的背景下，农业需要突破单一传统功能的限制，向全面充分利用乡村各种发展资源、全面实现乡村多元价值的多功能农业转型。

（一）制定政策支持

结合区位、资源、环境、政策等要素，立足农业资源多样性和气候适宜优势，认真研究产业发展规律、市场动态和消费趋势，科学选择和规划有基础、有潜力、有特色的农业产业。建立健全农业多功能性的政策体系，包括财政支持、税收优惠、土地政策等，为农民提供从事多功能农业的政策支持。同时，围绕现代农业发展方向深化改革，盘活乡村各类资产资源，通过科技手段，提高农业生产的效益和质量，大力推进农村第一、第二、第三产业融合发展，推动农业向现代化和智能化方向发展。

（二）适应需求端新变化

产业发展一定要经受市场的检验，发展多功能农业需树立大市场理念，科学确定主要农产品供给内容和水平，合理安排农业产业发展优先顺序。一方面，紧盯消费者对农产品质量安全和品质要求日益提高的趋势，坚持质量兴农、绿色兴农、品牌强农，通过发展品牌农业和实行优质优价，提升农产品的价值承载能力、品质与品牌溢价能力。另一方面，紧盯消费者对农业生态、景观、文化功能需求的增加，大力发掘乡村和农业的经济、社会、生态、文化等多种功能，发展多类型融合业态，形成农业多业态的发展态势，不断拓展农业产业新功能和富民产业的盈利空间，确保富民产业长久、可持续发展。

（三）着力推动生态产品价值实现

多功能农业可将过去被忽视弃置的乡村资源重新利用起来，让过去被隐藏的资源价值予以显化，从而赋予农村新的发展动力。通过提升农产品的价值承载能力，实现其产地文化传承和生态环境的价值；通过休闲体验农业、乡村旅游、农村康养产业等新的产业形式，使农业和农村的文化传承、生态景观等功能得以商品化，并通过市场交换实现生态产品价值，使农业的正外部效应得到更充分的实现。

总之，在新发展阶段，全面推进乡村振兴必须以准确理解人与自然和谐共生理念为基础，把握住社会主要矛盾变化带来的历史机遇，充分发挥并不断拓展农业的多种功能，推进乡村全面振兴。

第二节　典型案例

一、浙江衢州：高效生态农业引领乡村振兴新境界

（一）【案例背景】

农业是一个多功能的领域，在提供食物、就业、工业品消费市场、资本贡献、生态环境养护和文化传承休闲体验等多功能价值方面具有重要作用。这种多功能性使得现代农业需要提高农业生产效率，以满足不断增长的食物需求，减少资源浪费和环境污染。高效生态农业是以生态农业保护、改善农业生态环境为前提，遵循生态学、经济学规律，运用系统工程方法和现代科学技术，将集约化经营与生态化生产有机耦合的农业发展模式。所谓高效，就是要体现发展农业能够使农民致富的要求；所谓生态，就是要体现农业既能提供绿色安全农产品又可持续发展的要求。

高效生态农业既区别于高投入、高产出、高土地生产率的“石油农业”，也区别于纯天然、自循环、低劳动生产率的有机农业。它以市场绿色消费需求为导向，以提高农业市场竞争力和可持续发展能力为核心，兼有高产高效与优质安全的特征。与自然生态农业相比，它是既偏重维护自然生态平衡，又注重实现高产出目标的农业发展形态与技术体系。

衢州市位于浙江“母亲河”钱塘江源头，以山地丘陵为主，空间分异明显，属于亚热带季风气候，四季分明，光热充足、降水丰沛，生态环境类型多样，是传统农业大市，农产品资源丰富且品质优良。近年来，衢州市探索出了一条以生态循环农业实

现发展与保护并重的道路。

（二）【主要做法】

1. 构建生态循环农业新方式

一方面，建立健全高效生态农业制度体系。先后印发《衢州市生态循环高端农业发展规划》《衢州市整建制推进现代生态循环农业实施方案》《衢州市整建制推进现代生态循环农业重点任务分工抓落实方案》《衢州市人民政府关于加快现代生态循环农业发展的意见》等政策文件，从市级层面明确整建制推进现代生态农业建设思路、目标和任务等。另一方面，通过粮、茶、畜“机器换人”示范县建设与美丽农场建设推动生态农业智慧化、机械化和适度规模化，实现了从生态循环农业到全域农业绿色发展的二次跃迁。

2. 形成生态循环农业新网络

衢州市探索构建了“主体小循环、园区中循环、县域大循环”的三级循环利用模式。其中，主体小循环是单个经营主体建立的生态循环链，使物质与能量顺畅地流动转换。衢州市通过种养大户、家庭农场、美丽牧场等新型经营主体，组建农—牧—渔生态循环链，探索出“稻—萍—鱼—鸭立体种养，猪、羊—沼气—粮、蔬、果，猪—蚯蚓—甲鱼—肥料—粮、蔬、果”等多种模式。

园区中循环是把农牧渔生产的各环节、各经营单元集中起来，连接上中下游产业链，形成循环圈。如衢江莲花省级现代园除生产企业外，还有专业第三方机构承担农作物秸秆综合利用、畜禽粪便及病死畜禽无害化处理、沼液收集配送、有机肥加工、农药包装物回收等职责，实现了园内物质的定向流动。

县域大循环是将县级甚至市级行政单元作为整体，统筹考虑区域内的自然禀赋与经济资源，各生产者在生态整合与产业共生中找准切入点，变废弃物为产品，形成“自然资源－产品与用品－再生资源”的生态产业圈。衢州市在4个养猪大县（市、区）全部建成县级病死动物无害化处理中心，各县（市、区）分别建设6个秸秆处理中心，实现全市秸秆与病死畜禽无害化处理与资源化利用，大幅降低农业废弃物处理成本。

3. 塑造生态循环农业新格局

衢州市结合农业资源环境承载力、农业适宜性、产业基础和“三区三线”管控要求，以绿色为基色，以农田为基底，以果园、茶园、菜园、稻园为肌理，以生态农场、生态牧场、生态渔场、生态林场为细胞，以诗画风光带为主阵地，设计“一线、三带、四区、多群落”的农业农村全域绿色发展空间格局，实现了“农区变景区、农田变田园、劳动变活动”，培育出美丽幸福经济。

（三）【经验启示】

发展高效生态农业，既符合我国资源禀赋的实际，又符合现代农业发展的趋势。衢州市通过建立健全高效生态农业制度体系、构建“主体小循环、园区中循环、县域大循环”的三级循环利用模式、塑造生态循环农业新格局，引领乡村振兴新境界。为进一步发展好高效生态农业，必须继续发挥生态资源优势，提高乡村各类资源利用率；坚持绿色发展理念，严格遵循生态经济发展和自然资源保护的规律，充分发挥不同区域农业的比较优势，扬长避短；注重人与自然和谐，形成高效生态农业现代化及人与自然和谐发展的新格局；发挥农业多样功能，形成高效生态农业新集群；保护与修复好山水林田湖草沙，在农村生态环境不断改善的基础上实现经济与社会的长期可持续发展。

二、安徽泾县：民宿产业助力乡村旅游高质量发展

（一）【案例背景】

随着城市化的不断推进，城市中交通拥堵、空气污染、物价增高等问题和短板的出现。人们对于乡村生活的向往和渴望也与日俱增，乡村的休闲功能逐渐得以显露，乡村旅游需求不断增长，越来越多的农户开始将自家的农田、果园、菜园等资源进行开发，打造成具有吸引力的乡村民宿。这种农业与旅游的融合不但提升了乡村旅游的吸引力，也为当地农民提供了更多的收入来源。习近平总书记指出，“依托丰富的红色文化资源和绿色生态资源发展乡村旅游，搞活了农村经济，是振兴乡村的好做法”。乡

村民宿有别于传统酒店、宾馆，也不同于一般的农家乐。除了硬件设施、基本服务，乡村民宿本身所体现的文化特质、蕴含的风土气息，也是游客较为看重的。那些保留地方传统肌理又考虑现代生活需要的乡村民宿，顺应自然山水格局，彰显乡村古朴之美，因此也更容易吸引游客前来打卡。可以说，以科学规划、精心设计、合理建造展现乡村风貌，充分满足游客远观风景、近享闲适的诉求，是民宿融入乡村整体环境，实现与当地生态、文化协调发展的必然选择。

蔡村镇隶属有着“泾川三百里，佳境千万曲”美誉的安徽泾县，风光优美、文化深厚、物产丰饶，处于蜚声海内外的黄山、九华山、太平湖旅游三角区内，有着独特的区位优势和便捷的交通网络。近年来，蔡村镇抓住发展机遇，统筹运用财政、乡村振兴补助资金、招商引资等项目，大力打造特色精品民宿，涌现出了一批特色精品民宿聚集区。

（二）【主要做法】

1. 涵养“盘活”思维、推动闲置资产“动”起来

确立以利用闲置资源来支持民宿业的发展思路，由村委会将农民闲置的房屋和宅基地购归集体，再整合老学校、老村部、“大会堂”等闲置资产，通过出租、入股、合作等方式，吸引来自上海、南京、马鞍山、宣城等地的投资商和当地有意愿及有能力的人等办民宿，走出了一条农村闲置资源盘活的新路径。

2. 涵养“提档”思维，推动民宿标准“高”起来

坚持“请进来”与“走出去”相结合，特别聘请知名民宿经营者为镇乡村振兴和文化旅游顾问，为全镇民宿业发展建言献策，塑造品牌、引领方向。并多次赴江苏、浙江等地学习民宿发展经验，引导农家乐业主转变思路、提档升级。还将农村环境整治、道路交通、水利等项目资金统筹起来，高标准建设旅游基础设施。

3. 涵养“丰富”思维，推动民宿业态“多”起来

明确招商引资与招才引智相结合的思路，一方面大力争取各类资金项目，另一方面全力支持外地客商投资运营。小康村露营基地、“赵村里”悬崖酒店、秘境“东方马尔代夫”、吴村“房车营地”等一批民宿新业态应运而生，丰富了文旅业态、满足了广

大游客多样化需求，更带动了周边群众增收。

4. 涵养“提质”思维，推动民宿管理“活”起来

坚持政府监管和行业自律相结合，率先成立乡村旅游协会和农家乐协会，促进民宿业主诚信经营、提升服务，共同营造健康有序的民宿产业发展环境。借助协会平台，民宿业主与旅游景区、休闲农业等相关产业深度融合，催生了“民宿＋景区”“民宿＋农业”等休闲乡村旅游新模式，形成了区域产业融合、服务品质提升的全域旅游发展新格局。

（三）【经验启示】

乡村民宿的发展，契合了现代人远离喧嚣、亲近自然、寻味乡愁的美好追求，具有撬动乡村旅游的支点作用。文化和旅游部等 10 部门印发的《关于促进乡村民宿高质量发展的指导意见》指出，乡村民宿是带动乡村经济增长的重要动力，是全面推进乡村振兴的重要抓手。安徽泾县通过盘活闲置资产、提档民宿标准、丰富民宿业态、提质民宿管理，形成了以民宿旅游带动多业联动、多业融合的乡村旅游新业态。在进一步推动乡村民宿产业发展的过程中，必须继续深挖当地生态、文化资源，更好满足广大游客个性化、多样化消费需求，让农民更多分享产业增值收益，为乡村振兴注入新的活力。

三、四川雨城：农旅融合助推乡村振兴

（一）【案例背景】

农旅融合是农村产业融合的重要路径，也是实现乡村振兴的重要突破口。持续深入推进乡村振兴，就要坚持打好“农旅融合”牌，通过谋划落实好特色产业发展、搞好人居环境整治和做精乡村旅游等举措，实现农业兴、农村美、农民富，带给群众更多的获得感、幸福感、安全感。2022 年，文化和旅游部等 6 部门联合印发了《关于推动文化产业赋能乡村振兴的意见》，将文旅融合列入文化产业赋能乡村振兴重点领域，并从乡村旅游产品开发、品牌塑造等方面，进一步明确了乡村旅游的发展方向。

雨城区隶属四川省雅安市，位于四川盆地西缘，邛崃山东麓，青衣江中游，成都平原向青藏高原过渡带，因“西蜀天漏”而得名，素有“川西咽喉、西藏门户、民族走廊”之称。全区面积 1 070 km^2，是全国唯一的“中国生态气候城市”。近年来，雅安市雨城区把农旅融合作为农业产业结构调整、提质增效的主抓手，推动乡村产业振兴的最大支撑，通过把农业基地打造成旅游景点，把农家住房改造为特色民宿，把农业产品升级为旅游商品，推动生态优势向产业优势、经济优势转变。

（二）【主要做法】

1. 产地景区化，延伸乡村振兴“宽度”

秉承“保护性开发”的原则，将生态保护和地方历史文化内涵的发掘作为规划重点，编制全域旅游总体规划、4 个乡镇连片规划、4 个传统村落保护规划，形成了“1+4+4”规划体系和“一心两线两翼”旅游空间布局。并成功签约中青通航周公山温泉康养旅游及低空飞行停机坪项目、花舞林海项目等 8 个农旅项目。

2. 业态多元化，增加乡村振兴“厚度”

围绕农业主导产业突出、特色鲜明的乡镇，加快培育休闲观光、体验采摘等农村新兴产业，推出一批精品旅游线路，形成熊猫研学、野奢度假、生态旅游、山居问茶等特色旅游项目，其中 3 个点位、1 条线路被农业农村部推介。制定《雨城区旅游民宿管理暂行办法》，实施高端民宿“一户一策”升级改造工程，成立民宿发展基金，打造“8+1+N”雨城民宿集群体系，全区民宿年接待量达 7 万人次，全区旅游业从业人数达 2.3 万人，旅游业带动农民人均增收千余元。同时，整合各类资金、吸引社会投资等 3.5 亿元，高标准建设陇西河粮油现代农业园区，在稻田、茶园中融入艺术休闲、研学拓展等要素，引导农耕逐步向农业观光、农事体验、农居度假等附加值高的乡村旅游发展，打造农旅融合、景田一体、产村联动的田园综合体。

3. 名品名片化，拓展乡村振兴知名度

依托龙头企业、新型农业经营主体，培育“雅安藏茶、雅鱼、雨城猕猴桃”等一批知名特色旅游商品，尤其是“雅安藏茶”入选联合国教科文组织新一批人类非物质文化遗产代表作名录，区域公用品牌估价达 20.71 亿元。用活茶马古道、大熊猫两大世界级旅游文化品牌，办好“藏茶文化节”、上里“年文化节”和“碧峰峡夏季熊猫音乐会”等节会活动，为乡村聚人气。实施全域旅游景区质量提升工程、旅游通道大提升工程，全面提升乡村旅游服务质量和接待水平，获评四川省休闲农业重点县称号，建成天府旅游名镇2个、乡村旅游重点村4个，10个村被列入全国、全省传统村落名录。

（三）【经验启示】

雅安市雨城区在乡村振兴中采取了景区化、多元化、名片化等一系列措施推动农旅融合。进一步做强做精有地方特色的旅游产业，必须要继续坚持走好绿色可持续发展的路子，充分发挥当地的绿色生态本底、历史文化等资源优势，紧盯市场需求，打造有特色的精品旅游项目、旅游路线和旅游产品，把当地的绿色生态、历史文化等资源优势转化为“农旅融合”的发展优势，形成推动农业发展的“新”动力。在实施“农旅融合”，发展特色旅游的伟大实践中，充分发挥党员干部的示范带动作用，激发群众的内生动力，凝聚起培育发展壮大乡村旅游的强大动力，打好打精“农旅融合”的品牌。让“绿水青山”更快更好地转变成“金山银山”。

四、内蒙古准格尔旗：深入推进多功能农业一体化发展

（一）【案例背景】

长期以来，受经济社会发展水平和农业发展程度的影响，农业的生产功能被更多地强调，即农业所具有的产品贡献、市场贡献、要素贡献等，尤其是在维护国家粮食安全、保障社会稳定方面所发挥的积极作用。对于农业所具有的维持生态系统平衡、传承农耕文明等生态、生活、文化等多功能性发掘的相对较少。因此通过探索新的组织合作模式、新的信息和数字技术、新的产业融合方式等推进多功能农业一体化发展是新时代乡村振兴的客观要求和现实选择。

近年来，内蒙古自治区准格尔旗积极探索乡村振兴新路径，持续深化农村牧区综合改革，率先在大路镇推行多功能农业一体化发展改革试点。以智慧化农业为切入点，

以观光旅游标准种植彩稻，以立体活水养殖鱼、蟹、虾，构建形成了集吃、住、行、游、购、娱六大功能于一体的田园综合体。这个集种植、养殖、观光于一体的新型稻鱼立体种养示范项目，对于加快推动农村经济可持续发展，扎实推进农民农村共同富裕，助力乡村振兴高质量发展有着积极的指导意义。

（二）【主要做法】

1. 探索推行政府 + 企业 + 村集体 + 农户合作模式

创新政企合作，试点推行稻鱼立体种养项目，采取“企业主导、政府支持、村集体参与、农民受益”的模式，打造共建共享的稻鱼立体种养项目，助力乡村振兴。统筹发展资金，采用多元化融资方式。由企业作为生产经营主体，负责产业建设和项目运营管理；政府大力支持，负责实施基础工程建设；村集体经济组织以产业资金入股；农民以土地流转、入股的方式参与项目建设，合力推动稻鱼立体种养项目顺利实施。每年为村集体经济增收 18 万元，脱贫监测户按投入资金的 8% 分红，农户按土地入股资金比例进行分红，确保了农户持续增收致富。同时，制定《准格尔旗乡村振兴重点产业发展扶持政策》，助力产业发展，为农牧民致富增收提供了政策保障。

2. 探索“大数据 +N”互助模式

探索智慧赋能。利用无线物联网技术实现远程操控，通过数字平台对上水线和下水线远程电力数控闸口工程实施改造，以实现对稻田进行自动灌溉管理。加强技术创新，强化数字管理，做到对水稻产业过程的信息追溯。通过对农田基本信息、农情信息、气象信息和环境监测信息的管理，为合理安排农业生产、趋利避害提供了科学依据。强化提质增效。建设水产养殖控制系统，对养殖池溶氧量、pH、水温、饲料投放等进行实时监测便于随时解决水产养殖过程中的问题；实现了生产过程智能化、可视化，比传统种稻节水约 25% 以上、比传统养殖节肥约 50% 以上、比传统产量提高约 30% 以上；达到“两控”“两无”“两提高”和“一水多用、一田多收”的目标。

3. 积极探索“农业 +N”发展模式

积极探索“农业 + 生态”发展模式，培育壮大特色产业。重点在沿河一带发展水产养殖，养鱼、养虾、养螃蟹，利用鱼塘和稻田相邻的地块，鱼塘养鱼、稻田种稻，水稻鱼蟹立体种养1 050亩，其他种养区域250亩，形成鱼和稻共生互利的生态种养系统。积极探索“农业+文旅”发展模式，大力发展乡村休闲旅游业。积极打造集露营烧烤、休闲垂钓、划船戏水于一体的乡村旅游聚集地，推动农业转型升级，构建形成绿色生态观光旅游田园综合体。农旅融合为村集体经济年增收28万元，还带动周边70家渔家乐、农家乐户均增收5万元。据统计，试点区年销售水稻、螃蟹、鱼虾等各类农产品60万kg，销售金额达到300万元，农民人均增收2 300元，实现了农业发展、农村繁荣、农民增收。村集体经济内生发展，走出了一条生态保护、经济发展和乡村振兴的共赢之路。探索多元融合发展模式，打造乡村振兴新业态。全力推动稻鱼立体种养项目，全面带动传统产业提质升级、富民增效，积极开展各项主题活动，拓展延伸农村养老、休闲、科普等生活性服务业，实现多元化、多业态融合发展。通过第一、第二、第三产业融合发展，为58名群众提供了就业岗位，人均年收入达到3.9万元，实现了当地群众的就地就业和增收致富。

（三）【经验启示】

内蒙古准格尔旗经验表明，现阶段农业经营主体在规模经营的层次与水平上都与农业生产多功能化的要求存在差距，需要在遵循农业现代化规律的基础上，探索多主体合作模式。同时，信息智能技术加快促进了农业与相关产业融合发展。随着新一代信息技术的发展与应用，农业发展逐渐突破时间与空间的界限，农业数字化、信息化的特征日益明显，为与相关产业在产品、技术、产业链等方面的交叉融合奠定坚实基础，有助于多功能农业一体化发展。此外，还需要将“绿水青山就是金山银山”理念融入现代农业的发展中，只有这样才能真正实现农业的可持续发展。

五、江西芦溪：农业功能拓展　助力乡村振兴

（一）【案例背景】

习近平总书记强调，产业振兴是乡村振兴的重中之重，要促进第一、第二、第三

产业融合发展，更好更多惠及农村农民，要向开发农业多种功能要潜力，发挥三次产业融合发展的乘数效应，抓好农村电商、休闲农业、乡村旅游等新产业、新业态。2021年中央一号文件提出，充分发挥农业产品供给、生态屏障、文化传承等功能。

芦溪县国家农村产业融合发展示范园依托凤栖小镇和现代农业示范园区，以农业功能拓展型产业为主，重点发展三产交叉融合的全产业链发展模式和第一、第三产业深度融合的农旅发展模式，通过完善政策体系、加大资金投入、扶持产业发展、完善利益联结机制、完善考核制度等措施，全力推进示范园建设，打造农村产业融合发展示范样板和平台载体，有力促进了乡村产业振兴发展。

（二）【主要做法】

1. 坚持农旅融合发展，引领产业振兴

以创建国家全域旅游示范县为契机，大力整合开放农业、旅游、生态资源，开启“农业＋旅游”模式，农旅产业融合发展成效显著。仙凤三宝休闲农业观光园获评全国4A级旅游景区；紫溪田园综合体获全省4A级乡村旅游点；银河隆盛生态庄园获省级休闲农业示范点认证；火旺火龙果基地等5个休闲农业示范点获评省4A级乡村旅游景点；宣风凤栖小镇获批江西省第二批特色小镇；成功将仙凤三宝和紫溪田园综合体纳入赣湘边休闲农业精品路线。自建成以来，示范园累计接待游客400万人次，旅游综合收入达4.5亿元。

2. 坚持农业功能拓展，凸显多元价值

示范园大力推进农业产业结构调整，加快发展设施农业、生态农业、休闲观光农业等，整合种养基地、农产品精深加工园、电商平台、仓储物流及休闲农业等资源，建设多功能于一体的农业可持续发展示范园，把美丽风景变身美丽经济，农村产业功能得到有力拓展。江西省银河杜仲开发公司种植杜仲喂养格林美特杜仲猪，实施种植、养殖、加工、销售一条龙发展；武功山小洞天茶文化产业园，实施茶叶种植、休闲观光、餐饮住宿全面开发；一村食品公司实施特色稻米种植、加工、销售一体化模式；江西健航实业公司利用花卉苗木观赏价值开发休闲观光园，实现农业、生态、旅游价值有效融合。

3. 坚持特色品牌培育，实现持续发展

不断完善名牌培育机制，积极鼓励经营主体着力打造农产品名牌。目前拥有绿色食品 8 个、有机产品 5 个，其中“武功一叶”有机茶荣获中国名优茶评比金奖。培育了“江西省著名商标”7 个，“江西名牌（农）产品”5 个，其中“格林米特”猪肉荣获“中国驰名商标”。2021 年获全国首批 30 个天然富硒土地认证（江西 3 个之一），认证土地面积 1.5 万余亩；一村食品紫红米，葛溪正太鸡蛋、鸡，武功山尚元绿茶等 25 个产品获富硒产品认证，地方特色农产品所占市场份额逐步扩大。

4. 坚持利益联结机制，促进农企互赢

示范园鼓励和支持农业经营主体采用新时代利益连接机制，有效将各种利益主体紧密联系在一起。农民通过成立农民专业合作社等方式入股建立新型经营主体，龙头企业通过土地入股、合作社入股以及农业订单等方式，与农户形成风险共担的利益共同体。通过“公司＋基地＋农户”“公司＋合作社＋农户”等新型利益联结机制共带动 5 万农户就地就近就业，建成各类农产品生产基地 22.3 万亩，吸纳农村富余劳动力 2 万余人，基本实现稳定就业，共享利益成果，户均增收 5 000 元以上。

5. 强化组织领导，高位谋划推动

芦溪县委、县政府高度重视产业融合发展工作，以芦溪县国家农村产业融合发展示范园创建工作领导小组为统筹，建立工作协同机制，高位推进示范园建设。不断创新机制。实施政府项目整合、科技特派、雇工联结、订单农业等机制，充分整合多方优势资源，延伸产业链，提高价值链。强化院企合作。鼓励支持涉农企业、农民专业合作社和其他中介服务机构与高等院校、科研院所进行对接，与中国蔬菜研究所、江西省农科院等科研院所深入合作，开展技术研发。加快构建农、科、教相结合，产、学、研一体化的农业技术推广体系，已与扬州大学、南昌大学、湖南大学等科研单位建立了合作联系，取得了一系列研究成果并广泛推广。

6. 创新发展模式，赋能三产融合

示范园主要采用农业功能拓展型产业融合模式，基于富锌富硒稻米、蔬菜、花卉苗木等第一产业，逐步发展精深加工业和转型发展休闲农业，向第二、第三产业延伸，发挥农业多功能的产业融合模式。目前已探索形成蔬菜寿光“433”和紫溪农旅、凤栖小镇农（林）旅 3 个比较成熟的产业融合模式。纵向延伸产业链条，已形成紫红米产加销链条、蔬菜产销链条、花卉苗木种销和观光产业链。

7. 强化要素带动，落实政策配套

遵循“政府引导、企业为主”原则，不断强化各类要素保障。①强化政策支持。采取财政扶持、税费优惠、信贷支持等措施，加大对农业产业化企业、农民专业合作社等新型农业主体的支持，推行合作化、订单式、托管式服务模式，扩大农业生产全程社会化服务范围。②强化资金投入。以政府财政资金投入为引导，企业自有资金投入为主体，民间投资等多渠道社会投资为补充，银行金融机构信贷为支撑，逐步建立以企业为主体的投入机制。推行 PPP 建设模式，引入了社会资本，完善园区道路及污水处理等基础设施。通过专项债等资金申报加大高标准农田、农田水利、污染防治等项目建设。通过政府及企业等多途径投入，制定了园区奖补办法。通过“财政惠农信贷通”，累计帮助农业经营主体解决贷款资金近 4 亿元。③强化土地保障。将农村产业融合发展示范园纳入土地利用总体规划统筹安排，在年度土地利用计划安排中予以支持，并通过城乡建设用地增减挂钩、工矿废弃地复垦利用、依法利用存量建设用地等途径，多渠道保障示范园用地需求。

8. 完善利益联结，分享产业红利

完善创新利益联结机制，让农民分享更多产业红利，从根本上促进农民增收。①实施雇工联结。示范园通过大力发展农产品加工、富硒富锌稻米、优质畜禽、绿色蔬果、花卉苗木及休闲农业等主导特色产业，累计吸纳农民就业人数 2 万余人。②鼓励入股分红。示范园内农民通过土地经营权折算成固定资本和出资成立农民专业合作社等方式入股建立新型经营主体，加强与示范园龙头企业、专业合作社等建立紧密的利益联结机制，通过按股分红，提高经济收入水平。实施订单农业。示范园在富硒富锌稻米、蔬菜果业、健康畜禽等优势产业采取订单联结方式，使参与经营的农户达到稳定增收。

（三）【经验启示】

江西芦溪探索积累了拓展农业多种功能的成功实践与经验，包括：一是注重产业利润分配格局上的均衡化，通过对农业多功能性的开发，创造了新的利润增长点，让农民原来的产业利润分配地位有了较明显的改观。二是注重产业链条整合层面的延伸化。江西芦溪经验表明，若仅依靠销售农产品，收入提高幅度有限。但若结合乡村美景、文化旅游、品牌创建等则会收入倍增。三是注重三产要素融合的集中化。实现三产融合，需要具体的载体，多功能农业就是其中之一。在生产功能之上延伸出的农事体验、文化教育、手工制作、餐饮娱乐等，有助于实现产业深度融合。芦溪经验表明，对农业多功能性开发程度越深，融入的产业环节就越多，集聚的产业要素也就越多，三产融合的程度也就越深。

第五章

中华优秀传统生态文化与乡村振兴

习近平总书记指出，“中华民族向来尊重自然、热爱自然，绵延5 000多年的中华文明孕育着丰富的生态文化”。中华优秀传统生态文化是人类社会得以延续的文化根基，传承中华优秀传统生态文化，推动其创造性转化和创新性发展，不仅是贯彻落实习近平生态文明思想和习近平文化思想、推进生态文明建设和文化建设的需要，也是推动乡村生态产品价值实现、促进乡村全面振兴的重要需求。

第一节 理论基础

中华文明传承5 000多年，形成了质朴睿智的自然观。天人合一的生态自然观、敬畏生命的生态伦理观和取用有节的可持续发展观等生态智慧，共同构成了中华优秀传统生态文化。第一，倡导“天地与我并生，而万物与我为一”的天人合一思想是中华文明的鲜明特色和独特标识。天人合一就是最能彰显人与自然和谐共生现代化的中国传统生态文化特色的生态自然观，认为作为自然的天与人是有机统一的生命共同体，主张人要在敬畏、顺应作为自然的天的基础上与天和谐共存。第二，敬畏自然思想是中华传统生态文化观的重要组成部分，也是天人合一生态自然观的道德要求。中华优秀传统文化中，中国古代的先哲们一直以来都强调人对自然的敬畏之心。孔子曰“畏天命”，就是要敬畏自然、尊重自然和顺应自然。作为孔孙、孟师的子思提出了“万物并育而不相害，道并行而不相悖”的思想（《礼记·中庸》），所谓“不相害、不相悖”，就是尊重自然、顺应自然。第三，取之有时，用之有度，表达了我们的先人对处理人与自然关系的重要认识。中国传统生态文化中“取用有节”的生态智慧，强调在尊重和顺应自然规律的基础上合理利用自然资源为生产生活服务，保持自然资源的再生产能力、供给和保障能力，保障经济社会的可持续发展。中华优秀传统生态文化所体现的重视人与自然之间的关系、强调自然所蕴含的经济价值、倡导知足知止的资源利用方式等基本特点，正是文化赋能生态产品价值实现、推进乡村全面振兴的重要需求。

一、传承中华优秀传统生态文化是实现乡村全面振兴的重要需求

农村传统生态文化是中华文化的重要根脉，传承中华优秀传统文化是乡村振兴的应有之义。民族文化的根脉在乡村，“看一个特定民族的文化，无论到哪个国家，都必须去乡村。”乡村文化是乡村的文化遗产和传统文化的重要承载者，促进乡村文化的传承和发展，对乡村全面振兴具有重大意义。中华传统生态文化是人们在不同历史时期、不同地域创造出来的，历经时代变迁、时空转化，其文化精髓始终植根于广袤的乡土之中。其中有“天人合一”的超然境界、“上善若水”的处世哲学、“道法自然”的行为准则，也有趋福避祸的民间禁忌、礼俗文化。这些生态思想使古代人们形成生态文化价值观，促使社会和谐有序发展。中华优秀传统生态文化在乡村发展历史中发挥了重要作用，历史悠久的农耕文明也是实施乡村振兴战略的重要条件和能力基础，要推动乡村全面振兴，必须继续传承和发展中华优秀传统生态文化。

传承中华优秀传统生态文化是以文化建设推进乡村全面振兴的现实需要。从国家层面来看，传承中华优秀传统生态文化是践行习近平文化思想、推动文化事业和文化产业繁荣发展的需要。从乡村振兴层面来看，文化是乡村振兴的精神动力和生存灵魂，乡村振兴需要文化建设的激活。乡村振兴战略为推动中华优秀传统生态文化的传承提供了重大战略机遇，文化建设是乡村振兴六大建设内容之一，《中共中央　国务院关于实施乡村振兴战略的意见》提出，“坚持乡村全面振兴……统筹谋划农村经济建设、政治建设、文化建设、社会建设、生态文明建设和党的建设”，将“繁荣兴盛农村文化，焕发乡风文明新气象”作为重点任务之一，明确提出要传承发展提升农村优秀传统文化。保护好优秀农耕文化遗产、深入挖掘农耕文化蕴含的优秀思想观念、保护好文物古迹等中华优秀传统生态文化都被纳入其中。《中共中央　国务院关于做好 2023 年全面推进乡村振兴重点工作的意见》明确提出要实施文化产业赋能乡村振兴计划，深入实施农耕文化传承保护工程，加强重要农业文化遗产保护利用。

传承中华优秀传统生态文化是推进人与自然和谐共生的乡村振兴的重要支撑。习近平总书记指出，“中国式现代化，深深植根于中华优秀传统文化。”习近平生态文明思想是马克思主义基本原理同中国生态文明建设实践相结合、同中华优秀传统生态

文化相结合的重大成果，中华优秀传统生态文化为习近平生态文明思想提供了丰富的理论滋养，推进实现人与自然和谐共生的现代化需要充分挖掘中华优秀传统生态文化的价值。《中共中央　国务院关于实施乡村振兴战略的意见》将“坚持人与自然和谐共生”作为实施乡村振兴战略的基本原则之一，将生态文明建设纳入实施乡村振兴战略的重要内容。长达数千年的农耕文化是祖先留给我们的宝贵遗产，丰富的农业生物多样性、传统的知识与技术体系、独特的生态和文化景观，充分体现了人与自然和谐共处的生存智慧。传承中华优秀生态文化，可以促进以绿色发展引领乡村振兴，为推进人与自然和谐共生的乡村振兴提供重要支撑。

二、传承中华优秀传统生态文化是乡村生态产品价值实现的重要支撑

习近平总书记在 2018 年全国生态环境保护大会上强调，要加快建立健全以生态价值观念为准则的生态文化体系。2024 年 1 月发布的《中共中央　国务院关于全面推进美丽中国建设的意见》再次提出，培育弘扬生态文化，健全以生态价值观念为准则的生态文化体系，挖掘中华优秀传统生态文化思想和资源，促进生态文化繁荣发展。中华优秀传统生态文化蕴含着丰厚的文化价值、生态价值、经济价值，可以为乡村生态产品价值实现提供强大支撑，推动实现农业强、农村美、农民富。

一是中华优秀传统生态文化蕴含的丰富文化价值，可以为文化产业发展提供直接动力。大力挖掘农村传统文化资源，保护好优秀农耕文化遗产，挖掘农耕文化蕴含的优秀思想观念、人文精神、道德规范，传承发展民间生态文化、少数民族生态文化等，打造品牌文化，推动乡村生态文化产品价值实现，促进文化事业和文化产业繁荣。

二是中华优秀传统生态文化蕴含的丰富生态价值，为促进生态产品价值转化奠定良好基础。“天人合一、敬畏生命、取用有节”等传统思想文化体现出来的朴素生态观，将生态责任深化到人们的情感深处，指引人们在生态环境保护方面做到内化于心、外化于行，按照生态规律进行生产生活，有助于更好地守护“绿水青山”，厚植生态底色，实现农村美，为打造“金山银山”奠定基础。

三是中华优秀传统生态文化可以为生态资源价值化赋能，体现丰富的经济价值。

随着美丽中国建设的不断推进，绿水青山必将越来越多，人民的精神文化需求也将日益增长。在生态资源优势的基础上，融入传统生态文化，使文化赋能生态，打造具有特色的生态文旅发展模式，可以在满足人民对优美生态环境需求的同时，满足人民更深层次的精神文化需求。

四是中华优秀传统生态文化所包含的生态智慧，可以提升农村生态产品的附加值。农耕智慧、生态智慧运用到农业生产中，可以实现农业生产生态化，促进生态循环农业、有机农业、绿色农业的发展，提升农产品经济价值，带动农民增收，实现农业强、农民富。

三、乡村振兴过程中传承中华优秀传统生态文化的路径

乡村生态文化可以分 3 个层面去理解，第一个层面是理念，就是做人的道理、待人接物处事的准则，这是人们经过长期的生产生活实践积淀成的一种民族品格，如天人合一、师法自然的理念；第二个层面是知识，知识的传承往往是通过文化这个脉络流传下来的，如流传千年的间套作技术，我们的老祖宗在长期的生产生活中积累、传承下来的二十四节气；第三个层面是制度，“不违农时、数罟不入洿池、斧斤以时入山林”，这些制度实际上构成了对人们的生活以及基本的社会交往、经济交往的约束和规范。

在乡村振兴过程中，传承弘扬中华优秀传统生态文化可通过以下路径：一是通过民间信仰、生态智慧、农耕传统等继承传统生态文化，这是传承中华优秀传统生态文化最直接的方式。二是通过村规民约、制度建设、政策供给等倒逼村民尊重和传承传统生态文化，这是传承中华优秀传统生态文化的制度保障。三是挖掘传统生态文化的价值，大力发展生态文化产业，带动农文旅产业融合发展，这是推动中华优秀传统生态文化创新性发展的举措。四是加强生态文化宣传教育，增强人们保护利用生态文化的意识，这是促进中华优秀传统生态文化传播的必要举措。五是搭建传承生态文化的平台，如打造研学基地、示范基地等，这将有利于引导更多社会力量参与乡村优秀传统生态文化的传承和保护。

第二节 典型案例

一、贵州省从江县占里村：“农耕文化 + 生态农业智慧”推动产业振兴

（一）【案例背景】

占里村位于从江县高增乡西部，全村有 8 个村民小组，191 户，人口 826 人，是一个侗族人口聚集村寨，全村土地面积 16.64 km^2，有耕地面积 1 753.35 亩。占里村有着侗族独特的人口文化、婚姻文化、农业文化、景观文化、生态文化和法治文化，生态环境优良，产业、基础设施及公共服务各方面较完善。先后被评为中国人口文化第一村、中国景观村落、中国传统村落、中国美丽田园、全国民主法治示范村、全国乡村治理示范村、中国美丽休闲乡村等称号。在 700 多年的发展中，占里村诞生和传承发扬了独特的款约、生育、稻鱼鸭等人与自然和谐相处的系列文化，促进了乡村生态产品价值实现，推进了乡村振兴进程。

（二）【主要做法】

1. 用村规民约约束村民行为，保护生态环境

占里村的村规民约共 7 个方面 47 条，从人口控制、保护生态，到孝老敬亲、遵纪守法，都在寨子里的石碑上刻得清清楚楚。在保护生态方面，主要内容包括：毁坏公益林；引发森林火灾；毁坏国家保护的古老珍稀植物；在公益林区烧炭、开荒；乱砍滥伐林木；乱捕滥猎野生动物；往水沟、村庄周围乱倒垃圾；阻塞通道或堆积杂物被要求清理而未清理；房前屋后不符合卫生条件被限期整改而未整改。违反上述村规民约者，将履行相应的违约责任。如毁坏公益林将按“三个 120”（120 斤猪肉、120 斤大米、120 斤米酒）承担违约责任。优良的自然生态环境，为占里村发展生态旅游奠定了基础。

2. 将民族文化融入旅游产业，打造特色旅游

占里村是一个典型的侗族村寨，生态环境优良，民族文化底蕴深厚。占里村将丰

富的侗族文化，神秘的人口文化，独具特色的风雨桥、鼓楼、禾晾群，绝美的天籁之音侗族大歌，古老的手工艺舂米、织布、纺纱、古法造纸等元素融入旅游产业发展中，打造特色旅游。

为使独特的文化进一步开枝散叶，占里村实施五大工程传承文化留根。一是文化“挖掘”工程。深度挖掘占里独有的生育、农耕、村落等传统文化，运用好“中国景观村落、中国传统村落、全国民主法治示范村、全省文明村寨”等殊荣，不断拓展形成可宣传、可展示、可传承的文化结晶。二是文化“融合”工程。将占里独有的侗族文化融入新时代社会主义核心价值观，让独特的侗族文化成为促进乡村建设发展的精神动力。深入开展“最美家庭”等群众喜闻乐见的文化交流活动，不断拓宽村民群众自治管理。三是文化“提升”工程。建成了一批文化设施，搭建了一批文化平台，规范发展了一批民宿，开发了古法造纸、蜡染刺绣、传统建筑等一批民间文化技艺，逐步实现“以点带面、以面铺开”的全域旅游新格局。四是文化“品牌”工程。创建占里村古法造纸、古歌、生育等文化品牌，现有世界级非物质文化遗产代表性名录 1 个，省级非遗项目 7 个，州级非遗项目 6 个，县级非遗项目 8 个，非遗传承人 3 个。五是文化“惠民”工程。开展文化惠民工程，建有传习所鼓楼、风雨桥、文化戏台、集散中心活动广场、图书室等硬件设施，培育带头人 13 人，文化志愿者 28 人，乡村文旅从业人员 6 人，形成了文化促进经济发展的良好势头。五大工程的实施，极大地提升了占里村传统古村落的风貌，丰富了旅游业态，拓宽了村集体经济收入、村民就业渠道，使优秀文化资源有效转化为经济发展效益，为乡村发展振兴增添巨大力量。

3. 将农耕文化融入种养殖业

占里村农业生产条件较好，农业资源丰富，植被覆盖好，沟谷发育密集，水资源丰富，稻田隐蔽度大，在这种特定的生态环境影响下，形成了一定比例的冷、阴、烂泥田。以“从江县禾糯”为主的稻米适宜于冷、阴、烂泥田种植，在农耕模式上，采用特有的稻鱼鸭模式，形成了一条特有的生物链：鱼和鸭在田里觅食，吃掉害虫和杂草，同时鱼和鸭的游动为水稻松土，排泄物为水稻提供养分，稻田无须打农药、施化肥，稻、鱼、鸭和谐共生。这种生产方式有效缓解了人地矛盾，为当地群众既提供了丰富的绿色有机农产品，又有效防止了环境污染，保护了生物多样性。从江侗乡稻鱼鸭复合系统是从江苗侗人民千百年来耕作总结出来的人与自然和谐共生的农耕文化，2011 年 6 月“从江侗乡稻鱼鸭复合系统”被联合国粮农组织列为全球重要农业文化遗产，2013 年 5 月被中国农业部列为中国重要农业文化遗产。

依托优越的生态自然环境和环境友好的农耕模式，占里村生产出来的香禾糯达到绿色食品标准，市场竞争力较强，目前香禾糯平均亩产值达 4 000 元，比普通杂交稻田增加产值 2 000～2 500 元，通过加工精包装，平均每公斤售价达到 24～60 元，实现了生产生活与生态环境协同发展。从江香禾糯、从江田鱼均获批农产品地理标志产品。此外，占里村发展稻鱼鸭共生示范基地 + 农耕休闲体验，以三产带动第一、第二产业发展。

4. 将药食文化融入林下产业、旅游业，发展旅游 + 林下中药材产业

占里村自然资源保护好，森林覆盖面广，林业面积 21 246 亩，占全村土地面积的 85.1%。林下野生中药材种植资源丰富，已发现的有淫羊藿、南板蓝根、钩藤、枫荷桂、草珊瑚、香樟、桂树、大血藤等品种，均为原生态自然生长，村民常用中草药治疗常规病症，林下适宜种植中药材面积 14 500 亩。为了充分利用占里村丰富的村集体和农户成年森林资源，盘活集体经济，规划“旅游 + 林下中药材产业”，打造药食文化、康养文化、游乐文化。

5. 以乡村人才培育带动产业发展

占里村依托民族文化、自然资源等优势，结合乡村旅游、民宿、农家乐等发展的需要挖掘人才。依据各类人员专业特长和发展意愿有目的地培养导游、厨师、管理等各方面人才，进一步满足占里村发展需要，既实现了村庄的发展又解决了村民的就业；强化民族文化传承，培育储备技术人才，如刺绣、工匠等各方面人才；以合作社、企业为载体，量身打造主题鲜明的“靶向学习”培训，通过理论授课 + 现场指导 + 线上解惑等形式，如中药材、百香果等种植技术指导。

从成效来看，生态效益方面，一直保存着十分完好的自然生态环境，森林覆盖率达 85%。经济效益方面，独特的旅游资源吸引国内外游客慕名而来。占里村每年游客量在 3.85 万人次以上，年旅游收入达 198 万元以上，户均收入达 1 万元，带动农民增收。社会效益方面，占里村先后被评为中国人口文化第一村、中国景观村落、中国传统村落、中国美丽田园、全国民主法治示范村、全国乡村治理示范村、中国美丽休闲乡村等称号。2011年6月“从江侗乡稻鱼鸭复合系统”被联合国粮农组织列为全球重要农业文化遗产，2013年5月被中国农业部列为中国重要农业文化遗产。从江香禾糯、从江田鱼均获批农产品地理标志产品。

（三）【经验启示】

农业农村是乡村文化的重要物质空间载体，乡村文化与农业耕作方式、农村居住方式、地形地貌整理等密不可分。从江县充分发挥其自然地理优势，挖掘中华优秀传统生态文化的价值，以文化为根，推动民族文化、农耕文化、村规民约作用的发挥，使其与生态环境保护、旅游产业、农林产业的发展紧密结合。在利用村规民约促进传统文化发挥其对生态资源的维护价值、厚植生态底色的同时，还通过传统生态文化为生态资源价值化赋能，将当地乡村生态文化产品融入农业生产系统，使得“从江侗乡稻鱼鸭复合系统、从江香禾糯、从江田鱼”具有明显的地域性特征，充分体现了传统农耕文化和生态智慧对农村生态产品附加值的提升作用。此外，将民族文化融入其中，实现了以文促旅，以文促农，生态旅游与特色文化有机融合，促进了乡村生态产品价值的实现。

二、阿鲁科尔沁草原游牧系统：人与自然和谐共生的田园诗篇

（一）【案例背景】

内蒙古自治区的阿鲁科尔沁草原游牧系统，是我国第一个、也是唯一一个列入全球游牧类农业文化遗产。其遗产地总面积达到500万亩，核心区位于阿鲁科尔沁旗的巴彦温都尔苏木，涉及23个嘎查。这里的牧民们逐水草而居，根据一年四季气候变化规律，将草牧场分为冬春营地和夏秋营地，不同营地有不同的放牧方式。在阿鲁科尔沁草原游牧系统核心区，这里人与自然和谐共生，牧民们传承祖训，恪守古老的游牧习俗，践行着“和谐共生”“天人合一”的生存理念。

近年来，阿鲁科尔沁旗旗委、政府高度重视草原游牧系统的保护、传承和发展，将农业文化遗产“这张名牌”与打赢脱贫攻坚战紧密结合起来，围绕发挥好遗产地生

态与文化优势、拓展草原畜牧业功能、丰富新业态的思路，积极探索牧民特别是贫困群众增收途径，推动文化、旅游与农牧等其他产业深度融合，助力乡村振兴。

（二）【主要做法】

1. 农遗良品——大尾羊

阿鲁科尔沁草原游牧系统核心区内牧民依然保留着蒙古族逐水草而居的传统游牧生产生活方式，原生态游牧草原丰富的植被类型，提供了丰富的饲草资源，家畜采食百草、饮用天然泉水，保障了肉质鲜美、营养丰富。得天独厚的自然条件，孕育了享誉草原的土种绵羊——大尾羊。阿鲁科尔沁旗这些年在游牧系统核心区致力于优质肉牛羊天然养殖基地建设，倾力打造草原游牧系统生态产品，隆重推介来自内蒙古阿鲁科尔沁草原游牧系统的大尾羊，2017 年开拓了电商销售渠道，当年就获得 200 万元订单。来自草原最为纯正的阿鲁科尔沁羊肉，已被农业农村部作为“农遗良品”向全国推介，更加坚定了遗产地牧民走生态畜牧业发展之路。

2. 塔林花品牌放异彩

坝上深处的塔林花、清澈见底的河流、茫茫无际的草场、白云一样翻滚的牛羊，一片水清岸绿、生机盎然、开阔旷野的景象，构成了阿鲁科尔沁草原美不胜收的人间仙境。中央定点帮扶企业中化集团依托塔林花的自然条件和文化底蕴，与阿鲁科尔沁旗职教中心电商服务中心联合推出了“塔林花”羊肉品牌；投入 150 万元，在草原游牧系统核心区塔林花建立肉羊可追溯体系，对肉羊进行定向耳标标记，实现肉羊从养殖到餐桌的全程可追溯。可溯源体系的建设，不仅使塔林花肉羊的品质更有保障，也提高了其在市场的竞争力，因此全年增收 320 万元，30 个贫困村 2 500 人受益，同时吸纳 20 名贫困人口就业，带动 500 人脱贫。现在，“塔林花”不仅是一个旅游地标，更成为一种美食品牌。

3. 草原胜景成就生态旅游

阿鲁科尔沁旗围绕建设“蒙古族游牧文化特色旅游休闲度假基地”，科学合理地进行旅游规划和开发，促进第一、第二、第三产融合发展。引入旅游开发企业合作，目前项目正在进行中。项目将通过门票收入分成、合作入股、销售特色农畜产品、开办牧家乐等多种途径带动遗产地牧民增收。目前遗产地周边牧家乐已达 10 余家，其中最具代表性的苏鲁鼎营盘游牧文化体验区占地 3 000 亩，规划建设了接待区、住宿区、体验区、娱乐区等几大区域，可以使游人切身体验原汁原味的传统游牧生产生活和游牧文化。在这里，人们可以抓羊现宰现烹品尝传统特色蒙餐；也可以体验骑马、射箭、勒勒车等传统娱乐项目；还可参与奶食品制作、山野菜采摘制作、传统民族服装服饰制作及穿戴等蒙古族民俗生活体验。年接待游客达 6 万人次，实现旅游收入 120 万元，带动贫困户年均增收 1 万元以上。

4.“蒙元文化”释放发展活力

巴彦温都尔苏木为弘扬和传承草原游牧系统文化内涵，成立了民间传统手工艺协会。协会以传承蒙古族优秀传统文化、弘扬工匠精神为宗旨，努力提升民族刺绣、民族服饰、银饰、皮艺、木艺、奶食品等蒙古族传统工艺的影响力，提高手工艺术品的社会价值，融合创新让老手艺焕发出新生命。目前已入会会员 300 余人，其中 30% 为贫困户，遍布全苏木 23 个嘎查。协会聘请专业老师培训会员，将传统手工技艺与现代时尚元素相结合，借助互联网优势，通过精准扶贫电商平台对外宣传和销售，实现了游牧文化资源优势转换为经济优势。

习近平总书记指出，农耕文化是我国农业的宝贵财富，是中华文化的重要组成部分，不仅不能丢，而且要不断发扬光大。牧民—牲畜—草原（河流）之间天然的依存关系，经过世世代代的传承和发展，形成了蒙古族人民崇尚天意、敬畏自然、天人合一的生活理念，朴素的以人为本、取物顺时、循环利用哲学思想，以及崇尚自然、践行开放、恪守信誉的草原文化内核。传承祖训、敬天爱人、守望相助、与自然和谐共生的精神风貌，深深融入蒙古族群众的血脉。近年来，阿鲁科尔沁草原深入落实习近平总书记重要指示精神，顺应阿旗 30 万各族群众期盼，全力推动草原游牧系统进入重要农业文化遗产行列。阿鲁科尔沁草原游牧系统深入挖掘经济、文化、生态、社会和科研价值，积极发挥“天然、绿色、安全”特质，全力培育“阿鲁科尔沁旗牛羊肉”地标品牌，衍生草原游牧系统生态产品，科学规划和建设蒙古族游牧文化特色旅游休闲度假基地，在实现保护与发展共赢上作出有益探索，取得了较大成效。

（三）【经验启示】

我国的少数民族在独特的地理条件下形成了适应环境的生存方式和朴素的生态观。阿鲁科尔沁草原游牧系统恪守古老的游牧习俗，将天人合一、敬畏自然的理念融入生产生活中，使得草原独特的生态资源优势得以持续，体现了传统生态文化所蕴含的丰富生态价值，并为农牧产品、生态产品价值转化提供了基础保障。充分利用塔林花的自然价值和文化底蕴，打造农牧产品特色品牌，大幅提升了农牧产品的经济附加值。此外，将蒙古族游牧文化、特色民宿等融入旅游产业发展中，推出民宿生活体验、手工艺术品制作等特色旅游活动，使得当地文化资源优势转换为经济优势，进一步拓宽了生态产品价值实现的路径。

三、河北省涉县：生态农业智慧 + 农作民俗推动产业振兴

（一）【案例背景】

河北涉县旱作梯田系统是北方旱作石堰梯田最具代表的地区之一。当地人在适应自然、改造环境过程中，充分利用当地独特的地理气候条件和丰富的食物资源，通过“藏粮于地”的耕作技术、“存粮于仓”的贮存技术、“节粮于口”的生存技巧、世代沿袭的留种习俗、天人合一的农业生态智慧，形成了独特的旱作梯田系统。该系统2014 年被农业部认定为中国重要农业文化遗产，2022 年被联合国粮农组织认定为全球重要农业文化遗产。“涉县旱作梯田系统农业生物多样性的保护与利用”被列为“生物多样性 100+ 全球典型案例”。

河北涉县旱作石堰梯田系统见证了中国北方旱作农业的发展，也在太行山区乃至中国北方留下了浓厚的文化印记。当地居民在生产生活中，创造了独具特色的农耕技术，形成了丰富多样的文化习俗，使得遗产系统千百年来活态传承，历史上从未发生过间断。涉县正是继承传统生态文化，利用生态智慧，在保护生物多样性的同时，促进了生态产品价值的实现。

（二）【主要做法】

1. 继承治山修田传统，打造旱作梯田，完善农业系统

涉县缺土少水，自然条件艰苦，但当地居民与梯田之间形成了奇妙的相互依存关系。涉县旱作梯田由一块块山石修葺而成，石堰的平均厚度约为 0.7 m，每立方米石堰大约由 400 块大小不一的山石堆叠而成，梯田对山坡进行了最大限度的利用，粮食产量稳步提升，农业系统不断完善。从生态保护的角度来看，这种石梯田既有治理水土流失的生态功能，又可通过种植多种农作物，包括许多具有重要遗传价值的地方品种，维护生物多样性。

2. 发展生态农业技术，挖掘多样化的食物资源

涉县不断发展生态农业技术，集雨蓄水的水土资源利用技术，间作、套作、轮作等精耕细作的农耕技术和“作物种植 - 毛驴饲养 - 驴粪还田”的生态农业工程技术，探索不同种植模式，逐步提高土地收益率。梯田里农林作物丰富多样，梯田外边栽植着花椒树、核桃树等林木，在可以防风固土、防止水土流失的同时还可以保护梯田里种植的粮食和蔬菜作物。多样化的食物资源，为生活在当地的村民提供了充足的粮食生计安全保障，增加了村民的收入来源，同时有利于保持地力，持续增产。在花椒销往全国各地的同时，还推出集林果、药材、采摘、观光于一体的农业新模式。

3. 沿袭留存农作物种质资源习俗，增强农业系统稳定性

通过收集传统农作物种质资源，增强农作物遗传多样性与农业系统稳定性。当地村民世代沿袭留种习俗，保存了大量玉米、谷子、花椒、豆类等作物的农家品种，增强了旱作梯田农作物的遗传多样性与稳定性，同时多品种种植的生态农业生产模式也增强了作物抵御病虫害及旱涝灾害的能力。据统计，梯田系统种植或管理的农业物种有 26 科 57 属 77 种，包括 171 个传统农家品种。涉县成立了旱作梯田保护与利用协会，相关部门还建立了乡村社区“种子银行”，村民确需从“种子银行”领取种子进行田间种植的，需在收获后加倍返还，并制定实行定期更换和田间活态保护制度，从而构建起社区“种子银行”保存与村民自留种相结合的传统农家品种就地活态保护模式。“种子银行”的成立有效地保护了梯田上的老种子、老品种，增强了农业系统的稳定性。

4. 依托独特乡村农业景观和深厚历史文化，探索旅游产业发展

从乡村景观角度来看，既有灌丛—石堰梯田—村落—河滩的立体景观，又有在田埂上种植花椒树固土的梯田—石堰—花椒树农业景观，更有石头—梯田—作物—毛驴—村民“五位一体”的复合生态系统。随着乡村振兴战略的实施，乡村旅游逐步兴起与发展，涉县石梯田以其独特的乡村农业景观和深厚的历史文化逐渐吸引了摄影爱好者和旅游者前往，旅游资源的开发价值逐渐凸显。

生态效益方面，经过长期演化，梯田与山顶的森林和灌丛、山谷的村落和河流形成了复合生态系统，不仅为当地居民提供了丰富多样的食物来源，而且具有重要的水土保持、生物多样性保护、养分循环等生态功能。宏大的石堰梯田景观创造出了独特的山地雨养农业系统，保存了大量重要农业物种资源；经济效益方面，花椒、核桃、黑枣等产业发展迅速。以花椒、黑枣产业为例，西坡村成立的青阳山农产品专业合作社在 2022 年共销售花椒 12.5 万 kg、黑枣 11 万 kg，社员也由原来的 6 户发展至 200 户，并辐射带动周围农户 658 户种植花椒等农产品。2014 年被农业部认定为中国重要农业文化遗产，2022 年被联合国粮农组织认定为全球重要农业文化遗产。“涉县旱作梯田系统农业生物多样性的保护与利用”被列为“生物多样性 100+ 全球典型案例”。

（三）【经验启示】

中国自古形成的生态智慧和文化传统蕴含的丰富的文化价值、生态价值和经济价值，在乡村生态产品价值实现中发挥了重要作用。涉县的旱作梯田正是运用了传统的农业生态智慧，使其发挥了水土保持和维护生物多样性的生态功能，为生态产品价值实现奠定基础。在传统农耕智慧的基础上，发展生态农业工程技术，采用混林农复合种植模式，保存传统农作物种质资源的同时，提升了农产品的产量和质量，并使传统生态文化为农产品附加值提升赋能，提升了乡村农产品的经济价值。此外，涉县石梯田将其独特的乡村农业景观和深厚的历史文化，融入旅游业发展中，促进乡村生态产品价值实现，加速了推进乡村振兴进程。

四、上海市崇明区港沿镇园艺村：黄杨特色种植文化带动支柱特色产业

（一）【案例背景】

港沿镇园艺村位于崇明岛中部地区，港沿镇生态科技农业集聚区的东北部因“种植园艺”而得名，有近 90 年花卉种植和园艺传承的历史。村域面积 3.1 km^2，可耕地面积 2 875 亩，种植黄杨和花卉面积超过 1/2，村民种植黄杨、花卉的户数占比 85%，每年黄杨带来的收入高达 4 000 多万元，在业界享有“中国瓜子黄杨之乡”的美誉。园艺村成功申请“崇明黄杨”中国地理标志，黄杨木雕被列入第二批国家级非物质文化遗产名录。

近年来，园艺村以黄杨传统文化为基，利用黄杨种植优势，延伸黄杨产业链，打造黄杨文化品牌，大力推出造型黄杨产业，探索发展黄杨木雕、黄杨根雕，实现传统黄杨文化增值；并通过生态环境整治进一步带动以黄杨为主题的乡村旅游，通过独特的产业发展模式逐步走出了一条具有生态与传统文化融合发展特色的乡村振兴之路。陆续获得中国美丽休闲乡村、全国一村一品示范村镇、全国生态文化村、上海市首批乡村振兴示范村、崇明区“十佳最美花乡”等数项荣誉，并被《新闻联播》《记住乡愁》等中央媒体多次宣传报道。

（二）【主要做法】

1. 将种植黄杨的传统延续至今，筑牢黄杨文化根基

历史上崇明岛时常遭到台风、大潮等自然灾害的侵袭，但由于岛上土质松软堤坝易被冲毁，为了稳固堤坝，当地民众种植根系发达的黄杨树以固住沙土，之后崇明岛面积逐年扩大，堤坝渐渐消失但黄杨树却越种越多并发展成为崇明地区传统的经济树种之一，其中以港沿镇为最。原本园艺村以种植水仙而闻名，随着 20 世纪上海市杨高北路立交桥的开工修建，黄杨树作为优质工程绿化用材受到青睐，园艺村也由此走上致富的道路，至今，家家户户都保留着种植黄杨树的传统。园艺村组建了上海市农科院“乡村振兴科技支撑行动”专家工作站，共建黄杨种植基地。

2. 擦亮“黄杨”生态招牌，推动品牌化建设

20 多年前，园艺村的黄杨树大多还是仅用于城市景观和道路绿化，为了充分利用黄杨资源，园艺村邀请园艺专家进行实地考察为其寻找新的品牌价值，并探索出独具特色的地栽黄杨造型技艺，将原来仅作为行道的黄杨树变身为景观树，身价上涨了数倍，一棵造型黄杨树可以卖到几千元乃至几十万元。园艺村请专家为种植户指导造型技艺，提高造型水平，不断引导村民向黄杨造型盆景方向转型，拓宽产品范围，增加产品内容，提升产品优势，把产业优势转化成经济优势。

拓宽渠道、创新方式，扩大崇明黄杨影响力。结合崇明风土人文，园艺村创造出地径黄杨“崇明派”（瀛洲派）造型；编制黄杨系列手册，注册黄杨商标，成功申请“崇明黄杨”中国地理标志；成立黄杨协会，吸纳黄杨种植户“抱团取暖”；与上海植物园结对共建，成立上海植物园崇明工作室，使“崇派”黄杨造型技艺更好传承发展；邀请中央媒体来村采访报道，通过微信、抖音等线上平台积极宣传推介；举办最美黄杨评比、黄杨盆景造型能手评选和展览活动、黄杨产业发展推进会，凝聚政府、协会、媒体、企业、经营户等社会各界力量，形成合力，不断扩大崇明黄杨的知名度和影响力。为更好地促进村民增收，园艺村探索“合作社＋农户”种植经营模式，成立 7 家苗木种植专业合作社，梳理“一户一档”，形成黄杨家底信息，组团开展精准指导、品牌培育和市场开拓。

3. 废物资源化利用，传统农业升级

园艺村在黄杨种植、黄杨造型的基础上，充分利用“崇明黄杨”品牌优势延伸产业链，引进黄杨木雕、根雕艺术，提升黄杨附加值，将黄杨产品的销售对象扩宽为各个年龄阶层。移栽未成活的黄杨木、黄杨根阴干被雕刻成梳子、钥匙链及各种造型的装饰品，将其变废为宝，真正实现了资源的持续有效利用。黄杨木雕被列为第二批国家级非物质文化遗产名录。在园艺村黄杨馆内展示的黄杨木雕、根雕，游客可以通过二维码购买，园艺村还会组织黄杨花卉展销会，并设置黄杨木雕摊位进一步方便游客购买，拓宽了致富渠道。

4. 开展人居环境整治，促进农文旅融合

按照农村自然肌理和原有园林形态，鼓励农户将高品质黄杨向进村主干道大港公路两旁组团移植，着力打造黄杨产业集中展示群，形成独具一格的黄杨产业风景带。黄杨文化的根基和环境风貌的提升，为园艺村推动旅游业打下了坚实基础。如今，漫步在园艺村，犹如置身一个超大公园。经过生态治理的东沟、跃进河清澈见底，辅以木栈道、亲水平台，形成园在村中、宅在园中的全域园艺公园。园艺村还开发了以黄杨为主题的精品民宿和乡村旅游，配套餐饮、商业、手工坊、休闲吧等，推出了黄杨造型体验、插花体验、DIY 手工制作等一系列园艺文化体验活动，推动了农旅、文旅融合发展。未来，以“黄杨”为主题的乡村旅游将是园艺村全力打造的又一项支柱产业。

从成效来看，经济效益方面，园艺村已成为崇明黄杨的主要产业基地，来自全国各省（区、市）的货车穿梭于园艺村的纵横大道和阡陌田径。园艺村种黄杨、学造型的人越来越多，成了远近闻名的黄杨村，园艺村许多原本在外务工的村民也陆续返回乡从事黄杨有关产业。“崇明派”造型黄杨得到全国购买者的认可，年销售收入达 4 000 万元，村民人均年收入近 4 万元。村民靠种“致富树”走上了“致富路”，经济收益获得明显提高，将“绿水青山就是金山银山”成为现实。

社会效益方面，园艺村通过输出黄杨种植技术、产业发展经验等带动了黄杨文化的传播，目前崇明的造型黄杨产业已从园艺村辐射到港沿全镇 21 个村及邻近多个乡镇，也带动了周边地区经济发展。

生态环境效益方面，如今，崇明黄杨已成为崇明岛上靓丽的风景，黄杨文化产业发展带来的高收益推动了更高水平的生态环境保护，“全国生态文化村”“中国美丽休闲乡村”等荣誉接踵而至，打造了“文化反哺生态环境”的样板。

（三）【经验启示】

乡村的生态文化体现着根植于本土、传承于历史的地域性特征。园艺村将当地传统的黄杨种植文化发扬光大，在黄杨种植业的基础上，利用黄杨文化品牌优势，发展造型黄杨、黄杨木雕、黄杨根雕产业，开发黄杨系列产品，推动黄杨产业由卖原料向卖产品、卖品牌转变，成功实现产业链的延伸和黄杨附加值的提升，使生态文化赋能农村生态产品，提升经济价值。搭建传承黄杨产业平台，利用新媒体等推动黄杨产业组织化、规模化发展，带动全村共同行动改善村容村貌，将黄杨文化与生态旅游融合，为乡村生态产品价值实现提供驱动力，形成了以黄杨产业为主，农旅、文旅融合发展的乡村振兴模式。

五、广西壮族自治区忻城县石叠屯：民间信仰 + 村规民约 + 生态智慧推进生态振兴

（一）【案例背景】

广西壮族自治区忻城县属岩溶地形发育区，以石山峰林为主，暗河溶洞遍布全县。由于历史的原因，村民一直保持着自我治理传统。该地区主要从事桑蚕养殖和金银花种植，是忻城县境内有名的桑蚕、金银花之乡。加猛村石叠屯在 20 世纪 60 年代便开始封山育林，治理石漠化，在 20 世纪 80 年代引起学术界的关注，甚至被有关专家总结为石漠化治理的“农林牧复合经营模式”。忻城县曾开展大炼钢铁运动，砍伐了大量树木，导致石叠屯的生态失去了平衡，造成生态环境恶化，自然灾害多发，民众后来开始反思并制止乱砍滥伐行为，坚持封山育林，采取封造管并举、间伐抚育相结合的方法，在石山上挖穴种植任豆树、香椿树、牛尾树等各种树木，吊丝竹、大头竹等竹类，以及金银花、木别子等藤本植物。如今，石叠屯所在的石山生态系统已经恢复了良性循环，石漠化治理成效十分显著。石叠屯将民间信仰、村规民约、山林资源管理等方面的生态智慧结合起来，在推动石漠化治理取得显著成效的同时，注重发展环境友好型产业，带动群众致富，实现乡村振兴。

（二）【主要做法】

1. 敬畏自然的民间信仰，为石漠化治理提供思想基础

壮族民众不仅有崇拜祖先的民间信仰，还盛行各种各样的自然崇拜，其中树崇拜和树神崇拜即是其中之一。村民认为树木被砍伐，必然会带来灾难，正是因为村民有此信仰，石叠屯“后龙山”的石山树种的母本得以完好保存，使其为石漠化的有效治理提供了适地适树的种苗基础。

2. **制定村规民约，为石漠化治理提供制度保障**

为确保石漠化治理成效，石叠屯民众制定了村规民约，主要包括：①本屯民众要积极参与植树造林，成年人每人每年植树 10 棵，金银花 30 株；②本屯民众要加强对山林的护理，不能乱砍滥伐，如发现盗砍者，砍一棵，罚种三棵；③限制外村人到本村山上割草砍柴：第一次发现后，予以批评教育；若第二次发现，则没收柴草并罚款。

3. **封山育林结合，种植管护结合，发展环境友好产业，保障石漠化治理成效**

石叠屯民众具有传统的山林资源管理经验，并非常注重封山、育林和管护的有机结合。考虑到石山自然成林能力差的现实情况，在实行封山的同时，以造林的方式保护山林，采用石叠屯民众在造林中注重选择适应性强的乡土品种，如任豆树、吊丝竹、苦楝树等。当地民众还有种植金银花的传统，金银花非常适宜在石山地区生长，一株金银花可以覆盖几平 m^2 甚至几十平方 m 的大石块，既减少了水土流失，又增加了石山生态系统的活力。此外，充分发挥栽桑养蚕传统，发展桑蚕养殖等特色产业，在保护生态的同时，大力发展经济，实现状旅群众增收致富。

（三）【经验启示】

自然生态是有价值的，保护自然就是增值自然价值的过程，是生态产品价值实现的重要基础。中华优秀传统生态文化中天人合一的生态自然观、敬畏生命的生态伦理观和取用有节的可持续发展观都在石叠屯得到了充分的体现。石叠屯利用传承敬畏自然的民间信仰、制定注重自然保护的村规民约和运用壮族民众传统的山林资源管理智慧，从思想上、制度上和策略上发挥了传统生态文化所蕴含的丰富生态价值，推动石漠化治理取得显著成效。

六、浙江省湖州市南浔区和孚镇荻港村：桑基鱼塘文化带动形成农文旅发展模式

（一）【案例背景】

荻港村历史悠久，因溪岸芦苇丛生，河港纵横而称荻港；自北宋年间形成村落形

态，是舒乙笔下最好的江南小镇及国家 4A 级景区村庄；荻港村四面环水，溪水相抱，自古就有苕溪渔隐的美称，是全球重要农业文化遗产——桑基鱼塘系统核心保护区所在地；荻港村集传统民宿、连廊街巷、古堂古寺、石桥河埠、生态湿地、江南民俗和历史名人于一体。近年来，荻港村以桑基鱼塘鱼桑文化和古村落文化为依托，带动旅游产业发展，走出一条农文旅融合发展的致富路。荻港村的桑基鱼塘不仅是我国传统农业文化的重要遗产，更是现代生态农业的重要典范。通过保护和传承这一独特的农业模式，不仅促进了当地经济发展，也弘扬了地方文化特色。

（二）【主要做法】

1. 采用综合生态种养模式，建立桑基鱼塘生态系统

湖州的桑基鱼塘系统，源于春秋战国时期，独特的地形和自然环境使当地百姓顺应自然条件，创造性地开发出了桑基鱼塘。湖州的桑基鱼塘是我国传统桑基鱼塘系统最大、最集中且保存最完整的区域，这个传统的农业系统已经存在了数千年，2017 年 11 月被联合国粮农组织认定为全球重要农业文化遗产。当地人们将低洼地带挖掘成鱼塘，挖出的泥土堆砌在鱼塘四周形成塘基，再在塘基上种植桑树。桑叶可以养蚕，蚕沙又可以倒入鱼塘养鱼。冬季鱼塘清淤时，鱼粪和淤泥又堆积在塘基上，为桑树的生长提供养分。这种自然循环的农业模式历经千年仍保持着旺盛的生命力。桑基鱼塘这一模式是集多种循环类型为一体的、完整的生态系统，农民利用生物互生互养的原理，建立起鱼塘和桑地有机结合的生态系统。

2. 落实政策措施，保障桑基鱼塘得到充分保护和合理利用

湖州市委、市政府采取了积极的农业文化遗产保护措施，使“桑基鱼塘”得到了较好的保护。一是编制了《湖州南浔桑基鱼塘系统保护和发展规划》，划定核心保护区、次保护区和一般保护区，成立了市、区两级政府保护利用领导小组，确保了保护与发展、保护与利用科学有序开展。二是颁布了《湖州市桑基鱼塘保护区管理办法》，为桑基鱼塘的保护利用营造了良好的社会环境和法制环境。湖州市还充分挖掘其生态循环农业模式的内涵，在传统桑基鱼塘的基础上，创建了果基鱼塘、油基鱼塘、菜基鱼塘等新型模式。三是加大资金扶持，建立遗产保护地农民补偿机制，通过项目补助形式对核心保护区内桑树补植、鱼塘修复、河道疏浚等给予财政补助。湖州市、南浔区的政策支持及荻港村对政策的落实为桑基鱼塘的保护和发展提供了保障。

3. 挖掘桑基鱼塘的文化和旅游价值，延伸产业链

荻港村以传统的桑基鱼塘文化和古村落文化为依托，制定了《南浔荻港村旅游发展与风貌景观提升规划》，对村庄进行景区化改造，走出了一条农文旅融合发展致富路。从最初改造利用荒废湿地、老桑地、小鱼塘搞农家乐，到如今打造集餐饮、生态农业、文化创意、研学实践教育等于一体的农业旅游综合体。

2022 年荻港村依托桑基鱼塘共吸引中外游客约 80 万人次，带动旅游和土特产销售超亿元，真正实现了产村融合、村强民富。从事该产业员工 600 多名，九成以上为本地村民，带动了荻港村群众走上致富路。

（三）【经验启示】

习近平总书记曾指出："乡村文明是中华民族文明史的主体，村庄是这种文明的载体，耕读文明是我们的软实力。"具有成百上千年历史的传统村落是传承中华优秀传统文化的有形载体。作为中国传统村落的荻港村，将传统的生态智慧运用到农业生产中，造就了自然循环的生态种植养殖模式，使传统生态文化的生态价值得到充分发挥。依托桑基鱼塘系统保护和发展规划、管理办法等，实现了文化发展和生态环境保护的良性循环。将桑基鱼塘鱼桑文化和古村落文化赋能旅游产业发展，走出农文旅融合发展致富路，体现了传统生态文化的经济价值。荻港村在传统桑基鱼塘的基础上，创建"果基鱼塘""油基鱼塘""菜基鱼塘"等新型模式，正是当地传统生态文化创新性发展的体现，拓宽了传统生态文化推动乡村生态产品价值实现的路径。

第六章

新型工农城乡关系与生态产品价值实现

畅通工农城乡循环，是畅通国内经济大循环、增强我国经济韧性和战略纵深的重要方面。乡村既是巨大的消费市场，又是各种生产要素的聚集地，也是巨大的要素市场，还是国内大循环的重要组成部分。充分发挥乡村作为消费市场和要素市场的重要作用，推进以县城为重要载体的城镇化建设，推动城乡融合发展，增强城乡经济联系，畅通城乡经济循环，建立政府主导、企业和社会各界参与、市场化运作、可持续的城乡生态产品价值实现机制，对于全面推进乡村振兴具有重要意义。

第一节　理论基础

全面推进乡村振兴是构建新型工农城乡关系的战略举措，也是全面建设社会主义现代化国家的题中应有之义。党的十八大以来，党中央下决心调整工农关系、城乡关系，采取了一系列举措推动“工业反哺农业、城市支持农村”。中共十八届三中全会明确提出，加快破解城乡二元结构，形成“以工带农、以城带乡、工农互惠、城乡一体”的新型工农关系。党的十九大报告提出实施乡村振兴战略，就是为了从全局和战略高度来把握和处理工农关系、城乡关系。乡村振兴和城乡融合，成为城乡中国时代新型工农城乡关系的两个关键词。党的二十大报告提出全面推进乡村振兴，坚持农业农村优先发展，坚持城乡融合发展，畅通城乡要素流动。

一、乡村振兴是城乡融合的基础，新型工农城乡关系促进乡村振兴

2023 年 12 月，中央经济工作会议明确提出，要把推进新型城镇化和乡村全面振兴有机结合起来，促进各类要素双向流动，推动以县城为重要载体的新型城镇化建设，形成城乡融合发展新格局。中国城乡差距的特点和现阶段表现说明，破除城乡二元结构体制和城市偏向性的制度体系是解决城乡问题的关键。以新型城镇化和乡村全面振兴战略双轮驱动推进城乡融合发展，有助于实现城乡之间要素流动方式、产业分工体

系、空间规划布局和公共资源配置的全方位转变，形成工农互惠、城乡一体的新型工农城乡关系。一方面，新型城镇化要为农业农村现代化提供就业机会、市场需求、空间载体和公共服务，成为全面推进乡村振兴的重要支点。另一方面，乡村全面振兴也要为新型城镇化提供要素资源、产业支撑和生态保障，以增强以人为核心的新型城镇化的人本性、包容性和可持续性。

乡村振兴是城乡融合的基础。党的十九大报告指出，中国特色社会主义进入新时代，我国社会主要矛盾已经转化为人民日益增长的美好生活需要和不平衡不充分的发展之间的矛盾。而这个矛盾的集中表现是城乡发展不平衡、乡村发展不充分，乡村是我国社会发展的短板，更是城乡融合发展的突出短板。乡村振兴战略以农业农村现代化发展为优先目标，致力于补齐这一关键短板。从这个意义上说，城乡融合发展离不开乡村振兴。

新型工农城乡关系促进乡村振兴。我国推进乡村振兴、建设农业强国面临的主要问题，是农业产业效率不高、农村第一、第二、第三产业融合发展深度不够、农民适应生产发展和市场竞争的能力表现不足、乡村建设相比城市还存在诸多短板等。加快构建新型城乡关系，以工促农、以城带乡，根本改变农业农村基础差、底子薄和发展滞后的状况，既是全面推进乡村振兴和建设农业强国的目标，也是全面推进现代化建设的必然要求。

二、城乡融合发展是建立生态产品价值实现机制的重要保障

2006年，时任浙江省委书记习近平同志在中国人民大学演讲时指出，绿水青山与金山银山的意义不仅在于生态环境本身，还可以延伸到统筹城乡和区域的协调发展上。

农村有农村的优势，始终要有人把绿水青山转化为金山银山。一方面，我国农村地区往往是生态资源富集、生态产品供给丰富的地区，由于长期以来缺乏一套科学的保护生态、利用生态的发展模式，人民群众收入水平普遍较低，大多依靠政府“输血”托底，是我国实现共同富裕的重要短板地区。另一方面，我国拥有全球规模最为庞大且在不断增长的中等收入群体，他们主要集中于城市地区，拥有较高的收入和科学文化素质，更倾向于承担生态产品的溢价支出，同等条件下更愿意优先购买生态产品。

如果能将农村地区和重点生态功能地区的生态产品输出到城市化地区，那么这些生态优势也就变成了发展优势。

立足新发展阶段，促进城乡协调发展、实现共同富裕，着眼于挖掘农村地区和重点生态功能区蕴含的生态资源和生态产品价值，把资源变资产、资金变股金、农民变股东，将丰富的生态资源和生态产品转化为农民致富的生态产业，通过形成“生态保护—生态产品价值实现—绿色发展—共同富裕”的循环往复、并进共赢的“绿色闭环”，逐步缩小与其他地区发展水平和收入差距，解决重点生态功能区发挥生态保护主体功能的“后顾之忧”，解决农村人民群众“生态建设好是好，就是吃不饱”的困境，这是破解城乡区域发展不平衡、不充分问题的核心，更是推动实现共同富裕的关键。

针对城乡以及不同主体功能地区人民对美好生活需求的差异性，推动城乡区域间供需精准对接、要素自由流动，引导各地区发挥比较优势，通过提供差异化产品和服务，塑造城乡区域协调发展新格局，带动农村居民借助生态优势就近就地致富，逐步弥补发展差距，形成良性发展机制，健全生态产品价值实现机制，让提供生态产品的地区和提供农产品、工业产品、服务产品的地区同步基本实现现代化，人民群众享有基本相当的生活水平，并逐步实现共同富裕。

三、城乡融合视域下生态产品价值的主要模式

1. 农业内部有机融合模式

采用农林结合、种养结合、农牧结合等生态循环方式，调整优化农业种植养殖结构，形成多层次、多结构、多功能的农业融合状态，加快发展循环农业、生态农业，大力发展无公害、绿色、有机和地理标志农产品，加强农业废弃物综合利用，实现高效生态农业增产增效，推动经济效益和生态保护、产业发展和农民增收相统一。

2. 延伸农业产业链融合模式

从建设种植基地，到农产品精深加工制作，到仓储职能管理、市场营销体系打造，再到农业休闲、乡村旅游、品牌建设、行业集聚等，推动农业接二连三发展，形成一条龙“全产业链”，尽可能将农产品价值留在乡村。

3. 农业功能拓展融合模式

在稳定传统农业的基础上，不断拓展农业功能，推进农业与商贸、旅游、教育、文化、健康养生等产业深度融合，打造具有历史、地域、民族特点的旅游村镇或乡村旅游示范村，积极开发农业文化遗产，推进农耕文化教育进学校，拓展农业多样化功能。

4. 科技渗透发展融合模式

在推动现代农业发展中，大力推广引入互联网技术、物联网技术，引进先进技术生产栽培模式等，应用数字农业技术、农业高新科技等培育现代农业生产新模式，实现农产品线上线下交易与农业信息深度融合、现代先进科技与农业产业深度融合。

5. 产城融合模式

推动农村产业融合与新型城镇化联动发展，引导农村第二、第三产业向县城、重点乡镇及产业园区等集中，形成农产品加工、商贸物流、休闲旅游等专业特色小城镇，如一乡一业、一村一品，产业发展呈现集聚态势，产业、产品品牌和价值不断壮大，实现产业发展和城镇化协调推进。

第二节　典型案例

一、莱西市示范园：推动城郊高质量融合发展

（一）【案例背景】

2020 年 1 月印发的《中共中央　国务院关于抓好“三农”领域重点工作确保如期实现全面小康的意见》提出，支持各地立足资源优势打造各具特色的农业全产业链，建立健全农民分享产业链增值收益机制，形成有竞争力的产业集群，推动农村第一、第二、第三产业融合发展。加快建设国家、省、市、县现代农业产业园，支持农村产业融合发展示范园建设，办好农村“双创”基地。

青岛市莱西市国家农村产业融合发展示范园（以下简称示范园）位于莱西经济开发区重点打造的高科技发展先行区——青北高科园内，总投资 105.72 亿元，总面积约

1.78 km^2。示范园充分发挥城乡接合部的区位优势，聚集了智慧农业产业、新材料生产产业和智慧社区文旅商住服务产业，紧紧围绕农村第一、第二、第三产业融合发展目标，坚持“第一产业高端品质、第二产业科技支撑、第三产业优质体验”总体发展思路，推动第一、第二、第三产业高效分工布局的产城高质量融合发展，构建了农企融合协调、产业格局完善、农村活力显著增强的新格局。

（二）【主要做法】

1. 延伸设施蔬菜产业链，激活示范园发展潜力

以凯盛浩丰农业集团有限公司为代表的现代农业运营主体，建成第二个占地210亩智慧玻璃温室并投入运营。向上游拓展研发链条，建设大型数字化蔬菜育苗工厂，增加蔬菜科研育种业态，单批次产能150万株，实现播种、催芽、分级、嫁接、移栽、包装、出货的全程智能自动化。向下游延长消费链条，推动精细加工、电商销售、观光旅游等业态，全年通过京东、源生鲜（原盒马鲜生）等电商新零售渠道销售新鲜果蔬8 000多万元。

2. 突出高新项目带动，释放示范园发展动能

在打通农业链条上下游、拓展增长空间的同时，按照园区产业发展规划，积极引入高税源高新项目，加大工业反哺农业力度。例如：中科曙光服务器液冷设备项目、打破国外“卡脖子”技术的5.0中性硼硅药玻璃项目等10多个高技术项目加速建成投产，吸纳转移周边农村劳动力和外来中高端就业人群1 000多人，每年回馈示范园利税2 000多万元，用于支持园区基础设施和生态环境等软硬件建设。

3. 加快拓展业态，提升示范园发展活力

依托国际园艺中心等载体，承接智慧农业的休闲观光、培训教育、电子商务、综合服务、乡村旅游等功能，拓展科普、研学、直播带货、文旅等延伸链条，满足各类人群生活消费需求。“七星河夜市”正式开市，涵盖美食区、娱乐区、演艺区、农产品展销区，全力打造集“吃、喝、玩、购、娱”于一体的夜经济特色街区，让100余个农户变“商户”。依托胶东电子商务港，发展直播带货新业态，开辟“示范园＋电商＋绿色农产品”合作路径，成立七星河电子商务公司，建成农产品电商直播基地，吸引200多名大中专毕业生返乡创业，300多位农民转型从事直播带货，年销售额近1亿元。

4. 加强利益联结，促进农民就地就近就业增收

示范园充分尊重农民意愿，按照“宜农则农、宜工则工、宜商则商”的原则，积极促进农民就地就近就业增收，保障园区农民核心利益，助推农民共同富裕。在土地流转方面，通过“土地流转＋社会保障”形式流转土地2 000亩，农民每年获得租金1 500元/亩，每5年递增10%，并优先获得务工岗位。在联农带农方面，成立共富公司，采取“共富公司＋社会资本＋农户”的合作模式，引导示范园内农户、村集体以土地、生态资源等要素入股，打造168亩簸箕掌蔬菜种植基地，组织农户按照Global GAP（全球良好农业操作认证）的标准要求，实行蔬菜标准化种植管理，带动1 234农户人均月收入达到7 000元，是当地平均水平的2.1倍。在农村劳动力转移方面，示范园广泛吸纳周边5 000余名农民变身产业工人，实现乡村基建、现代农业、科技制造业、农旅服务业、现代物流业、电商直播业、社区服务等多行业、多工种、多层次就业。2022年前三季度，示范园内人均可支配收入增长20%以上。

（三）【经验启示】

乡村产业发展是乡村振兴的重中之重，而第一、第二、第三产业融合发展则是乡村产业发展的有效途径。乡村产业要姓“农”，莱西市示范园充分发挥城乡接合部的区位优势，向上游拓展研发链条，向下游延长消费链条，引入高新项目，加大工业反哺农业力度，构建乡村生态产品品牌建设、认证和质量追溯体系，让第二、第三产业利用好第一产业的优良品质，让第一产业共享第二、第三产业的丰厚利润，推动“绿水青山”与“金山银山”双向转化，提升乡村生态产品溢价价值，丰富乡村产业类型，提升乡村经济价值，有力推动了农业高质高效发展、乡村宜居宜业、农民富裕富足。

二、甘肃省金昌市永昌县：城乡产业一体化融合发展助推乡村振兴

（一）【案例背景】

2019年1月印发的《中共中央　国务院关于坚持农业农村优先发展做好“三农”

工作的若干意见》提出，以“粮头食尾、农头工尾”为抓手，支持主产区依托县域形成农产品加工产业集群，尽可能把产业链留在县域，改变农村卖原料、城市搞加工的格局。健全农村第一、第二、第三产业融合发展利益联结机制，让农民更多分享产业增值收益。

金昌市永昌县紧紧围绕打造省级乡村振兴样板县目标，坚持城乡产业一体化融合发展，坚持“强工促农、强城带乡”，深入实施产业发展“八大行动”（产业链培育提升行动、园区产城融合发展行动、地企融合发展行动、链主企业带镇融合发展行动、龙头企业带村融合发展行动，农业现代化建设行动、文旅融合富民行动、第三产新业态培育行动），产业带动激发城乡融合新动能，助推乡村振兴取得新成效。

（二）【主要做法】

1. 以工促农，培育壮大产业链

实施产业链培育提升行动，编制产业链项目清单，绘制产业链示意图和作战图，培育高品质菜草畜、精细化大化工、集群式新能源、全降解新材料、有色冶金及有色金属新材料、资源综合利用6个主导产业链发展壮大，2023年上半年6个产业链产值达46亿元，同比增长29.6%。推动工业资本流向农业农村，启动实施链主企业带镇、龙头企业带村融合发展行动，全县10个乡镇、112行政村正在与链主企业、龙头企业积极对接合作，链主企业、龙头企业带镇（乡）、带村协同发展新路径新模式基本建立。

2. 转型升级，推动产业提速

抢抓省级肉牛、肉羊、奶业、生猪产业带建设机遇，落实高原夏菜头茬面积20.5万亩、优质饲草种植面积23万亩，畜禽存栏量达到155万头（只）。国家农业现代化示范区年度项目加快建设，海量蔬菜精深加工、华宇果蔬精选、昌源奶绵羊养殖基地等一批“农头工尾、粮头食尾、畜头肉尾”的产业项目落地实施，高品质菜草畜、奶绵羊两个百亿元级产业链发展势头强劲。

3. 拓展思路，转变经营方式

按照“1个乡镇1个试点村”的要求，推广服务主体+农村集体经济组织+农户

农业生产全程托管模式，全年落实土地托管 10.2 万亩。永昌胡萝卜、永昌肉羊、元生绵羊奶等特色品牌价值效应凸显，“数商兴农”搭建电商同城配送平台端，组织聚合优鲜电子商务公司等企业参加全省“田间行甘味产销季”展销活动，网络销售额达 1.02 亿元、同比增长 20%。

4. 夯实基础，壮大村级经济

开展农村集体经营性资产股份合作制改革，健全完善利益联结机制，推行党建 + 产业、支部 + 合作社 + 农户、党支部领办合作社、村社一体、合股联营等有效做法，依托链主企业、龙头企业，实行资金入股、保底分红、合作运营、带动发展模式，吸纳村集体经济专项扶持资金入股企业，带动村集体经济发展壮大，全县每个行政村集体经济收入全部达 5 万元以上。

（三）【经验启示】

产业融合是新型城镇化和乡村振兴的重要基础。现代工业向现代农业延伸，生态与城乡工农业结合，生产与生活服务业融合，城乡第一、第二、第三产业融合升级、融合增值、融合收益。永昌县加快建设国家农业现代化示范区，落地实施“农头工尾、粮头食尾、畜头肉尾”，延长农业产业链条，推动工业资本流向农业农村，产业链主企业带镇、龙头企业带村融合发展，提升乡村生态产品价值，增加农民收入，有助于建立现代农业产业体系、生产体系和经营体系，有效激活城乡资本、人才、技术要素双向流动，助力乡村振兴持续健康发展。

三、四川省成都市郫都区：创新探索走出“融合共享”内生型乡村振兴路

（一）【案例背景】

党的十九届五中全会提出，全面实施乡村振兴战略，强化以工补农、以城带乡，推动形成工农互促、城乡互补、协调发展、共同繁荣的新型工农城乡关系，加快农业农村现代化。《中华人民共和国乡村振兴促进法》第七章第五十条规定，各级人民政府应当协同推进乡村振兴战略和新型城镇化战略的实施，整体筹划城镇和乡村发展，科

学有序统筹安排生态、农业、城镇等功能空间，优化城乡产业发展、基础设施、公共服务设施等布局，逐步健全全民覆盖、普惠共享、城乡一体的基本公共服务体系，加快县域城乡融合发展，促进农业高质高效、乡村宜居宜业、农民富裕富足。

成都市郫都区锚定建设“科创高低、锦绣郫都”总目标，以农村美、农业强、农民富为落脚点，围绕建立国家农业现代化示范区和天府“水源地”“菜园子”“后花园”的使命担当，在建设现代农业产业体系、推动科技创新加快成果转化上精准发力，创新探索走出了一条以工促农、以城带乡、城乡融合共享的内生型乡村振兴之路。

（二）【主要做法】

1. 探索“人城境业”和谐统一的城乡融合发展路径

郫都区以“国家城乡融合发展试验区”建设为契机，按照“产城融合、镇村联动、产村相融、文旅互促”思路，实现“七个规划一张图、一张蓝图管全域”，重构1个城市主城区+5条城乡融合发展走廊+5个产业功能区+8个特色小镇的“1558”空间布局。出台人才资源价值转化、生态价值多元转化等3个决定和“绿色发展二十条”等5个实施意见，逐步形成了“人城境业”高度和谐统一的城乡融合发展模式。

2. 探索以生态价值转化为先导的“生态振兴”路径

郫都区秉持“绿水青山就是金山银山”理念，以青山为底划定生长边界，以绿道为轴串联城乡社区，以江河为脉编就千渠入院，聚焦“五控五减”打响“三大战役”，聚焦“三生融合”筑牢百世风廊，创新五级绿化做好公园示范，大力开展“厕所革命”等，不断激发生态振兴内生动力，走出了一条生态价值转化为先导的生态振兴之路，生动诠释了成都公园城市的乡村表达。2018—2020年，郫都区以生态搬迁实现水源保护区内固定污染源全面清零，关闭散乱污企业共计3 800余家；建成城乡绿道354 km、精品林盘14个，新增绿地101.5万m^2；打造出战旗村、先锋村、石羊村等一批人居环境示范村；林盘农耕文化系统成功入选“中国重要农业文化遗产名录”。

3. 探索依靠科技创新推动产业振兴发展路径

郫都区充分发挥区域内100余所科研机构和19所大专院校的科教资源优势，把科技创新作为突破发展“瓶颈”、解决产业发展深层次矛盾的关键抓手，初步探索出了一条科技创新转化赋能推动乡村产业振兴的新路子。①建立起“园区＋院校＋企业＋产业”一体联动科技创新合作机制，探索科技成果股份量化、专家技术入股、企业主体控股等方式，形成“校院企地”创新共同体和利益共同体。②运用物联网、人工智能等前沿引领技术，构建“校企研发＋企业生产＋田园综合体展示＋农民合作社应用＋社会专业服务”农机全产业链。③引入利用区块链技术的加密算法和分布式存储技术，提供区级农产品质量安全与追溯平台；搭建丹丹国家企业技术中心等研发平台 123 个；搭建绿色战旗品牌创新中心等 16 个品牌孵化营销平台。④打响天府水源地农产品特色品牌，推进“买全川、卖全球”。先后打造“农遗良品”等天府水源地绿色有机品牌 1 000 余个、文创品牌 70 余个；攻克产业技术难题 58 项，实现科研成果转化 1 500 余项，研发新品种 1 000 余个。

（三）【经验启示】

在传统观念中，对农村的空间认知往往停留在“田园与村庄”，但乡村拥有“山水林田湖草沙”等自然资源，还拥有人文资源、地质资源、特色农产品资源等不同于城市生活的场景和要素。郫都区从生态修复提升开发价值、生态分红反哺生态投入、品牌共建实现多方共赢 3 个方面着手推动生态振兴。他们充分发挥区域科教资源优势，建立“园区＋院校＋企业＋产业”一体联动科技创新合作机制，促进科技资源流向乡村，打造特色鲜明的生态产品区域公用品牌，不断提升农业生态产品附加值和溢价价值，提高生态产品销量和市场影响力。

四、南京市：城乡融合探索中国式农村现代化

（一）【案例背景】

党的十九大报告提出加快推进农业农村现代化。其中，农业农村现代化是实施乡村振兴战略的总目标，坚持农业农村优先发展是总方针，产业兴旺、生态宜居、乡风文明、治理有效、生活富裕是总要求，建立健全城乡融合发展体制及和政策体系是制

度保障。

南京市践行“绿水青山就是金山银山”理念，深入学习浙江“千万工程”经验，立足南京市情和“三农”实际，“五化协同”推进城乡融合发展，“五村共建”打造都市田园乡村，“以人为本”启动和美乡村建设，探索出了一条具有南京特色的中国式农村现代化之路。

（二）【主要做法】

1. 城乡一体规划，基本公共服务均等化

从“十二五”时期开始，南京市通过城乡规划、产业发展、要素配置、基础设施、公共服务“五个一体化”协同推进，逐步形成了“南北田园、中部都市，拥江发展、城乡融合”的总体发展格局。在做好城市总体规划、国土空间规划修编的基础上，进一步优化全市镇村布局规划，统筹推进新型城镇化和美丽乡村建设。以行政村为单位加快编制“多规合一”的实用性村庄规划，以城郊融合类、集聚提升类、特色保护类村庄为重点编制自然村村庄规划，促进村庄空间、生态、基础设施、公共服务和产业发展有机融合。

2. 生态一体核算，农村“两山”资源价值化

南京市“六山一水三分田”，山、水、林、田、村交融，优良的生态基底和自然资源禀赋为全市提供了丰富的生态产品，也是南京作为国家森林城市、国家生态园林城市的“颜值担当”。近年来，南京市坚持人与自然和谐共生，加快构建绿色低碳的产业体系、能源资源利用体系，将生态环境保护融入经济社会发展全过程。通过加大美丽乡村和生态保护区建设力度，进一步释放生态资源价值，初步打通了自然资源变资产资本的价值转化渠道。2020 年，高淳区以“绿色标尺”为引导，探索建立生态产品价值实现机制，发布了全国首个县区级生态系统生产总值（GEP）核算标准体系，成为唯一参与 GEP 核算国家标准制定的区县，被生态环境部正式命名为“绿水青山就是金山银山”实践创新基地。为了解决农业项目难融资、生态资产难评估、评估结果难应用等一系列问题，高淳区创新推出“GEP 生态价值”贷款。2022 年 9 月，桠溪国华水草栽培专业合作社用其经核算的 1 108 万元栽培基地生态系统生产总值（GEP）质押登记，获得了高淳农商行发放的 100 万元贷款。

3. **统筹推进美丽乡村建设，带来美丽经济发展**

南京市统筹推进美丽乡村示范村、宜居村、特色田园乡村、田园综合体和民宿村“五村共建”，按照空间优化形态美、绿色发展产业美、创业富民生活美、村社宜居生态美、乡风文明和谐美的“五美”标准，对所有规划发展村进行高质量综合性打造，建成 500 多个宜居宜业宜游的美丽乡村示范村，打造出 8 条乡村旅游精品线路，形成“点上有特色、线上有风景、面上百花园”的全域美丽乡村新格局。在串点成线、串珠成链的基础上，南京市逐步推进美丽乡村片区化、组团式发展。2017 年起着力建设集现代农业、休闲旅游、田园社区于一体的田园综合体，打造了 6 个“示范村 + 农业园 + 旅游点”三位一体的综合性乡村旅游片区。同时，为适应旅游市场本地化、城郊化、乡村化新常态，南京市以民宿村建设为载体，将 50 多家符合条件的美丽乡村、创意农园纳入党政机关会议定点单位，10 多个民宿村成为职工疗休养挂牌基地，给乡村民宿业发展增加了相对稳定的优质客源。

4. **立足资源禀赋，着力发展都市型现代农业**

南京市以“链”破局，聚焦绿色蔬菜、精品蟹虾、南京鸭等八大农业主导产业，构建起以优质农产品为基础、衍生加工业为重点、都市休闲农业为特色的现代农业产业体系。充分发挥南京国家农业高新技术产业示范区和国家现代农业产业科技创新中心两大平台引领作用，着力打造综合功能强、科技装备强、经营主体强、产业效益强、竞争能力强的都市现代农业强市。依托大都市、大市场，目前南京已建成创意休闲农业景点（区）500 多个，全市有绿色优质农产品 570 个，“金陵味稻”“食礼秦淮”等一批农产品区域公用品牌影响力不断扩大。成功举办 18 届的“南京农业嘉年华”已成为全国休闲农业三大品牌之一，累计吸引市民游客 800 万人次、实现综合收入 15 亿元。

（三）【经验启示】

在“自然—社会—经济”这个复合生态系统中，虽然城市、城镇、乡村的“生态位”各不相同，有着其不同的结构、功能和发展规律，但共同特点是“宜居”，良好的生态环境是共同的发展目标，也是城乡融合的基本准则。南京市切实把城乡发展空间作为一个有机体，统筹城乡国土空间开发格局，一体推进优化生产、生活、生态空间布局，一体推进城乡生态建设和环境保护治理，提高乡村建设品质，构建现代农业产业体系，激发乡村生态振兴内生动力，培育农村发展新动能，释放乡村美丽经济潜力。

五、浙江省丽水市景宁畲族自治县：高质量绿色发展城乡融合创新

（一）【案例背景】

2020年12月，中央农村工作会议上，习近平总书记指出，推动城乡融合发展见实效。振兴乡村，不能就乡村论乡村，还是要强化以工补农、以城带乡，加快形成工农互促、城乡互补、协调发展、共同繁荣的新型功能城乡关系。要把县域作为城乡融合发展的重要切入点，推进空间布局、产业发展、基础设施等县域统筹，把城乡关系摆布好处理好，一体设计、一并推进。

丽水市景宁畲族自治县是全国唯一的畲族自治县，2019年，国家民委批复支持景宁开展民族地区城乡融合试点建设。景宁以资源要素、特色产业、民族文化、规划建设、公共服务、居民收入、生态价值、数字治理等八大领域的城乡互利共赢、融合发展为突破口，基于“机制创新、空间优化、生态转型、智慧治理”的“四位一体”创新路径，实现了城乡格局优化提升、城乡经济联动升级、城乡生态增值溢价、城乡要素自由流动和城乡治理提质增效的显著成效。

（二）【主要做法】

1. 坚持机制创新，推动城乡资源要素合理性流动

景宁坚持机制创新，着力消除阻碍城乡要素自由流动和平等交换的体制机制弊端，深化重点领域和关键环节改革，推动人才、土地、资金等要素双向流动和均衡合理配置。在人口流动方面，景宁采取多种措施畅通流动渠道，统筹抓好农民进城和人才入乡工作。一方面，积极有序实施“大搬快治、大搬快聚”工程，深化服务业强县试点，加快澄照副城、包凤示范小区等项目建设，促进人口就业转移；另一方面，建立城乡

人才合作交流机制，允许农村集体经济组织探索人才加入机制，鼓励、吸引、留住外来人才创业兴业。在土地管理方面，景宁不断深化农村土地制度改革，统筹抓好农村土地管理制度创新和农村产权市场化流转。一方面，完善城乡建设用地增减挂钩制度和“县域统筹、跨村发展、股份经营、保底分红”联动发展机制，探索“台账式登记＋政府兜底回购＋交易流转”的集地券模式和创新“飞地抱团”模式，引导发展民宿、文创、康养、运动等业态；另一方面，推进农村土地确权登记颁证，探索“集体经营性建设用地入市＋宅基地三权分置＋农村产权交易平台市场化建设运营”集成式改革经验，推行“标的资产调研＋潜在市场路演＋线上线下宣传＋网络公开竞拍”模式，规范和优化农村集体土地产权流转交易市场建设与服务。在发展资金方面，景宁强化乡村发展资金保障，统筹推进“政银保”合作机制和涉农贷款增量奖励机制。一方面，开发“三农大数据金融服务平台”，创新农业信贷征信体系和农业融资模式；另一方面，引导鼓励金融机构加大新型农村社区建设等领域涉农信贷投放，探索建立“景宁 600”产业发展、少数民族发展、城乡融合发展等专项基金，促进金融资源高效配置。

2. 着力优化布局，推动城乡基础设施一体化发展

景宁从优化国土空间布局、重大交通基础设施建设、市政设施项目建设以及对外融通等方面入手，推动城乡基础设施一体化。①建立了国土空间规划与城乡规划建设特色化管控机制，优化国土空间开发保护格局，加强生态保护红线、永久基本农田、城市开发边界硬约束，构建县城“一新一老一副城”的组团式空间结构，形成“1+4+N”的城镇体系；加强畲派建筑设计管理，探索制定畲派建筑工程建设地方性标准体系。②推进区域重大交通基础设施网络化规划建设机制，抓住国家公园、大花园、大通道、衢丽花园城市群建设机遇，积极争取重大交通设施在景宁选址布局，加快推进温武吉铁路、通用机场规划建设，加快建设青景庆景宁段公路，推动公铁联运、站城一体、零距离换乘。③创新城乡市政设施项目一体化开发建设模式，加快建设生态型现代能源互联网，推动城乡供水、通信、污水处理等基础设施一体化建设管理和市场化运营；建立分级分类投入机制，将公益性设施管护及运营纳入一般公共财政预算，将经济性设施采用市场化方式运作；探索开展乡村基础设施综合保险改革，创新拓展乡村基础设施管护经费来源。④建立对外融通一体化发展机制，主动融入长三角一体化发展；创新与上海静安区在总部经济、生态产业、旅游康养、教科文卫等方面的战略合作机制；完善山海协作结对帮扶、省扶贫结对帮扶机制，加深与温岭、上虞、海盐、宁海等合作发展，创新建立飞地经济、飞柜经济、飞楼经济等发展模式。

3. 加快生态转型，推动乡村经济多元化发展

景宁坚持生态转型，不断推动乡村经济的多元化发展。①大力发展农文旅融合产业，依托畲乡生态资源优势，打造品质绿道、美丽林相，形成多条美丽畲乡风景线；推动A级景区村乡镇全覆盖，创建高等级景区县城、省级全域旅游示范县，积极融入浙闽赣皖国家东部生态旅游试验区建设，提升景宁旅游品牌影响力。挖掘传承畲族文化，精心策划好畲居、好畲景、好畲味等系列“好畲”特色旅游产品，建立畲文化传承人“1+10”非遗传承拓展模式，推动畲族非物质文化遗产活态传承；加快建设国家级畲族文化创意产业园等重大文化项目和畲乡书房等乡村文化公共服务设施，推进浙江景宁环敕木山畲寨等特色村寨示范带建设，打造民族文化核心区域。②聚力发展特色工业及新经济产业，推动澄照农民创业园转型建成生态创业小镇，促进全县工业园区集聚发展，优化产业结构，把丽景民族工业园打造成为全国民族地区“飞地经济”样板；创新移动端全程无介质电子化登记平台，用足用活民族优惠政策，吸引高精专营销贸易型企业集团等线上主体“零见面”快速入驻；大力度推进“凤凰行动”，积极培育新兴产业，努力实现上市企业零突破。③探索发展更多生态产品价值转换产业，完善“景宁600”地域农产品标准化生产体系，建立以茶叶、高山蔬菜、畲药等为主的“景宁600”产业带，形成一体化营销服务体系，提升农旅产品附加值，打响“景宁600”农产品品牌。探索政府采购机制，健全县城饮用水水源地生态保护补偿制度和生产者对自然资源约束性有偿使用机制，建立遵循绿色循环低碳发展的产业导向目录。探索金融机构对生态产品授信贷款机制，建立“生态信用存折”，推行与个人、企业、乡村生态信用相挂钩的信贷机制，推进生态产品价值转化为资金资本。

（三）【经验启示】

随着人们对美好生活的需求不断增长，农业农村作为产业兴旺和生态宜居的重要载体，其地位更高、作用更大。城乡居民不仅需要农业提供种类更多、品质更高的农产品，而且需要农村更清洁的空气、更干净的水源和更怡人的风光。景宁的实践表明，创新城乡融合发展，产业是支撑，生态是底色，治理是关键，富民是根本。把工业和农业、农业与生态文化与旅游、城市和乡村等作为一个整体统筹谋划，促进城乡在规划布局、要素配置、产业发展、公共服务、生态保护等方面相互融合共同发展。

六、浙江省瑞安市曹村镇：产村融合绘就乡村振兴新画卷

（一）【案例背景】

2022 年 12 月，中央农村工作会议上，习近平总书记强调，要依托农业农村特色资源，向开发农业多种功能、挖掘乡村多元价值要效益，向第一、第二、第三产业融合发展要效益，强龙头、补链条、兴业态、树品牌，推动乡村产业全链条升级，增强市场竞争力和可持续发展能力。

瑞安市曹村镇所在的天井垟成功实现了“涝区”向“粮区”的华丽蜕变，一跃跻身浙江省粮食生产功能区十大示范区之一。依托良好的生态基底，成功引入全国知名智慧稻田共享平台“艾米会”，打造 1 万亩智能农业大数据科技园，推出生态胚芽大米，带动 14 个村、5 000 个农户增收，目前该项目已列入浙江省重大产业项目。

（二）【主要做法】

1. 坚持乡村农业发展为基础，发展现代农业

曹村镇以乡村农业发展为基础，坚持发展现代农业。依托 4 万 m^2 的天井垟粮食功能区，出台流转政策，鼓励种粮家庭农场、合作社、龙头企业等主体通过租赁、转让等方式获得土地经营权，加速耕地向规模种植主体集聚。完善农机购机补贴政策，

在国家农机购补贴的基础上，对农户购置各类插秧机、植保无人机等出台地方专项补助，推动种植业机械化生产。此外，曹村艾米田园综合体还与中国电信、华为、大疆等企业合作，开发智能农业的“黑科技”。通过田间地头的智能工作站，实时监测光照、雨水、水量、土壤、pH 等项目。利用植保无人机巡田，每小时可以巡视 40 亩农田。通过高清摄像头，后台可以自动识别出“虫脸、禾脸、草脸”，推动种植业的智能化生产，开启智慧农业新时代。

2. 拓展产业的深度与广度，产业融合是关键

曹村镇乡村振兴，除了第一产业增智赋能，大力发展现代科技农业，实现农民增收；在第二产业的发展方面，曹村镇通过开发天井垟大米、东岙莲子、进士素面、宋岙茶叶、丁凤黑晶杨梅等特色农产品，充分利用“邮乐购”以及淘宝网等电商平台，实现线上与线下同步销售，将曹村镇优质农产品销往全省、全国。第三产业是全域发展旅游业，打造旅游新地标。以绿色为底，以未来乡村建设目标为题材，曹村镇尽情挥洒“彩笔”，将全镇 14 个村都纳入“美丽景区”建设范围。因地制宜，以天井垟美丽河道为轴，打造“一村一韵”多元文化艺术村落，建成耕读广场、田园大眼睛等网红打卡点；推出彩色稻田、玉米迷宫、绿道骑行等景观体验；引入风筝基地、滑翔伞基地、游船基地、小火车、婚纱摄影基地等十大旅游项目；并且全面布局培育民宿产业“增长极”，打造五大民宿集群，形成文旅、农旅、研学、体旅、摄影等多维旅游产业。让“半日游”“一日游”变成“深度游”“再度游”，吸引游客、留住游客，助力曹村镇乡村振兴产村融合发展。

3. 农文旅融合，“传统与现代”于一体，打造乡村振兴品牌

曹村镇在旅游产业融合发展中，注重宣传引导，营造网红打卡点，吸引游客；利用万亩农田打造的四季大地景观艺术，稻田迷宫、向日葵花海、彩色稻田等吸引游客拍照、观光、体验、创作等。融合特有的文化元素，结合特色节日，开展节庆活动；秉持“传统 + 现代”的理念，打造曹村镇花灯文化旅游节，通过展现曹村镇的花灯和耕读文化，辅以热闹喜庆、时尚唯美元素，烘托渲染节日气氛，为游客呈现融合传统特色和现代元素的文化盛宴。

（三）【经验启示】

工农结合和城乡融合发展，拉近了乡村生态产品供给和需求的距离，因为乡村生态产品的供给方是在农业和乡村，乡村生态产品的主要需求方是在城市和工业。工农结合和城乡融合，搭建了乡村生态产品价值实现的桥梁，构建了乡村生态产品价值实现的平台，降低了乡村生态产品价值实现的交易成本，促进了双方的互利共赢。曹村镇推进城乡融合发展，在夯实粮食安全根基的基础上，推动农业农村资源深度开发和产业链延伸拓展，促进农村第一、第二、第三产业深度融合发展；推进产业之间功能拓展、业态融合、价值赋能，使乡村生态资源优化配置范围更宽，产业链更长，附加值提升空间更大，实现更多农村生态产品提质增效。

第七章

推进乡村生态产品价值实现的政策保障

《关于建立健全生态产品价值实现机制的意见》指出，要“带动广大农村地区发挥生态优势就地就近致富、形成良性发展机制”。我国乡村地区是生态资源富集、生态产品供给丰富的“生态高地”，打通乡村地区“绿水青山”与“金山银山”的双向转换通道，是新征程上全面推进高质量发展、赋能乡村振兴、实现乡村共富的应有之义。要加强政策保障，立足我国农村实际，探索形成一整套的发展理念、政策体系、工作机制，生态产品价值实现机制建设在广袤的农村落地开花，全面推进乡村振兴。

第一节　建立乡村生态产品价值实现推进机制

一、建立农村自然资源资产产权制度

乡村拥有非常丰富的资源资产，如耕地、宅基地、山林、水库、自然环境等，这些资源资产也都是农村居民共有的财产，但在现阶段，这些资源大量的被闲置浪费，被侵蚀破坏。随着农村改革的不断深入，国家明确提出要通过农村改革和发展，逐步实现乡村振兴战略，这些农村资源资产对农村农业改革和发展具有战略意义。

建立健全归属清晰、权责明确、保护严格、流转顺畅的现代农村产权制度，切实发挥自然资源资产产权制度在促进资源保护和合理利用中的基础作用。①明晰产权归属。开展农村生态资源确权登记工作，推进农村集体资产清产核资。完善生态资源的确权、登记、评估、流转托管等配套措施。②科学评估量值。针对乡村生态资源经济效益不明确、难以建立规范统一的生态产品价值评估机制的难题，应结合乡村生态产业发展实际情况，根据实际收益情况大胆探索市场评估机制，准确合理评估生态资源价值。③统一平台流转。搭建要素流转平台，提供以乡村全域生态资源为整体的要素权属认定、生态要素确值，将乡村全域生态资源打包成资产包，形成统一的生态产品项目策划、生态品牌发布推介、生态产业招商等服务。建立县、乡、村三级生态产品

交易信息平台，推动生态资源要素流转的融资平台高质运转。

建立乡村生态产品保值增值机制。落实生态系统生产总值（GEP）核算机制，将自然资源要素成本、环境保护、修复成本等纳入自然资源价格构成，确保生态产品保值。要贯彻“在保护中开发、开发中保护”的理念，立足资源与区位优势，因地制宜做好“土特产”文章。在完善农业碳汇、建立生态银行、构建生态产业体系、实施生态修复保护与综合开发等多方面科学借鉴并拓展适合地域特点的生态产品价值实现模式，增加农民致富机会。

二、健全乡村生态产品市场化经营开发机制

市场化价值实现路径是连接生态产品供给者和需求者之间的桥梁，也是最直接、最有效、交易成本最小、最具潜力的价值实现路径，更是“自然之物”转化为“自然资源、生态产品、农民财富”的重要手段。

（一）完善乡村生态产品供需对接机制

在产品供给上，挖掘并整合乡村分散的生态资源，以“分散化输入、整体化输出”模式推进山水林田湖草沙等自然资源和工业遗址、废弃矿山、古旧村落等存量资源的权益集中流转经营，实现资源的产权明晰与收储、转化提升、市场化交易和可持续运营等功能，创新搭建生态产品交易平台。在需求对接上，建立乡村生态产品专属交易系统，在电商、直播平台开展宣传展示推介，促进精准对接。在线下通过生态文化节、博览会等形式充分展示乡村生态产品资源，促进供给方与消费方的良性互动。

（二）拓展生态产品价值实现路径

发展优质绿色生态农林业，积极推进投入品减量化、生产清洁化、废弃物资源化、产业模式生态化，加大农业龙头企业培育力度，完善全程农资农技服务网络，实施农产品精深加工共性关键技术攻关行动，进一步延伸农业产业链。创新生态环境资源化和产业化模式，实施生态产品精深加工，打造生态产品区域公共品牌、构建生态产品认证体系、建立生态产品质量追溯机制等，推动生态产品增值溢价。发展生态文化旅

游，依托特色精品村、历史文化名村、乡村休闲旅游精品线路等，构建乡村特色农产品和手工艺品全产业链，发展“森林+”康养、旅游等新业态，打造农耕、红色、民俗等特色文化体验方式，促进农文旅融合发展。

三、建立完善生态保护补偿和金融服务机制

为保护乡村生态环境，实施农村发展的生态保护补偿机制成为现实需要。借助补偿机制，可以实现生态环境的修复、生态功能的提升、农村的可持续发展。

（一）建立有效的“付出与受益”补偿机制

推进脱贫地区乡村振兴，必须坚持“保护者受益”基本原则，推动保护区域与开发区域、发达地区和脱贫地区共同发展。生态保护补偿是乡村振兴的重要策略，要加大向欠发达地区、重要生态功能区、水系源头地区和自然保护区生态保护补偿的倾斜力度。完善生态保护成效与资金分配挂钩的激励约束制度，探索建立生态产品购买、森林碳汇等市场化补偿制度，推行生态建设和保护以工代赈做法，提供更多生态公益岗位。结合建立国家公园体制，创新生态资金使用方式，加快开展脱贫地区生态综合补偿试点，不断完善生态保护补助奖励政策，倾斜项目资金，加大重大生态工程的统筹力度，促进绿色转型高质量发展。

（二）不断优化金融服务机制

1. 创新生态资源类要素融资模式

围绕乡村生态产业，积极探索农村集体资产股权等要素盘活方式，配套相关融资产品。重点扶持乡村生态产业等，盘活乡村生态品牌商标使用权，依据村集体收益进行融资，增强村庄集体授信额度。

2. 创新权证类要素融资模式

以农村土地承包经营权、农村房屋所有权及宅基地使用权、林权等为抵（质）押物，创新相关抵（质）押贷款产品，盘活农村土地、林地用益物权。例如，通过整合林业部门、银行、担保等资源，探索建设林业相关抵质押资产流转机制和平台。

3. 创新劳动力要素融资模式

针对村庄“能人”、新村民创业者、非物质文化遗产项目传承人与乡村振兴领头人等，鼓励返乡创业与生活，倡导生态宜居林业社区共建。

第二节 健全乡村生态产品价值实现保障机制

推动生态产品价值实现，既需要从政府和市场两个层面双向发力，丰富生态产品价值实现路径，也需要完善相关配套政策制度，发展乡村绿色金融、生态信用、考核评价等保障性制度，为价值实现提供必要的支撑和保障。

一、加强农村党基层组织建设和乡村治理

（一）发挥好基层党组织的带头作用

习近平总书记曾强调，“要重视农村基层党组织建设，加快完善乡村治理机制”。“帮钱帮物，不如帮助建个好支部。”当前，乡村振兴战略的实施，对乡村治理能力和治理水平提出了新的要求。农村基层党组织是改进乡村治理的主心骨，在实现乡村生态价值实现中发挥着核心作用。对此，可以将脱贫攻坚工作中形成的组织推动、要素保障、政策支持、协作帮扶、考核督导等工作机制，根据实际需要运用于生态产品价值实现与乡村振兴协同发展，为实现乡村生态价值凝聚力量。

（二）建立生态产品价值考核机制

探索将生态产品总值指标纳入党委和政府高质量发展综合绩效评价。发挥考核评价制度“指挥棒”作用，强化考核结果的应用，激励政府主动提升生态产品供给能力和水平。健全生态环境损害赔偿制度。聚焦农村生态环境修复和保护，推进生态环境损害成本内部化，进一步明确生态环境损害赔偿范围、责任主体、索赔主体、损害赔偿解决途径，完善相应的鉴定评估管理和技术体系、资金保障和运行机制，落实生态环境损害的修复和赔偿制度。

二、调动农民参与积极性和全民实践氛围

（一）加快推进生态信用体系建设

生态信用本质上是生态环境保护利益导向机制，可以引导社会主体参与生态环境保护修复和生态治理，让生态产品价值实现落实到现实利益。完善生态信用采集监管体系，优化评价指标体系，构建完备的生态增信体系，赋能生态金融产品供给。通过生态行为信息对各行为主体生态信息进行评分评级，根据生态信用的结果，可以让生态行为良好的主体得到相应回报，让生态行为负面的主体付出相应代价。

（二）加强宣传引导

加大对典型经验做法和创新成果的宣传力度，让广大群众成为生态产品价值实现的参与者、推广者和受益者。充分发挥各类媒体的宣传主阵地作用，宣传生态产品价值实现典型案例、优秀品牌等，为建立生态产品价值实现机制提供良好的舆论环境。

第三节　典型案例

一、湖南省中方县大松坡村：基层党组织带领群种植“湘珍珠”葡萄，实现乡村振兴

（一）【案例背景】

习近平总书记指出，“乡村要振兴，关键是把基层党组织建好、建强。基层党组织要成为群众致富的领路人，确保党的惠民政策落地见效，真正成为战斗堡垒。”实现乡村振兴的关键在党，在于强化农村基层党组织建设，农村基层党组织是党联系群众的主纽带和桥梁，是群众的“贴心人”，上级党组织的“触角”。乡村振兴离不开党建引领这把“金钥匙”，党组织的作用发挥是否明显，工作开展是否得力，直接关系到群众

的生产生活。

湖南省中方县大松坡村是“湘珍珠”葡萄核心产地，葡萄种植面积达 3 500 余亩，被誉为“中国南方葡萄沟”。全村辖 12 个村民小组 610 户 2 179 人，党员 47 名。在乡村振兴工作中，大松坡村首先是加强基层党建工作，发挥基层党组织的示范带头作用。一是在人居环境整治方面成立了专门班子，制定了详细的整治方案，村党支部带头，组织全体支部党员、志愿者、群众开展了人居环境整治大清理，投工投劳 400 余个。每个村民小组制作安装了宣传栏，按照村规民约的要求制定了农村人居环境整治“门前三包”责任制，对农村人居治理进行常态化管理；同时制定了奖罚措施，对所有农户的家庭卫生进行评比，评比结果张榜公布，全村评出 37 户“最美庭院户”。二是产业发展，积极引导村“两委”干部发掘本村集体经济的潜力，利用本村资源优势挖掘更多优势资源。

（二）【主要做法】

1. 全员开展人居环境整治

一是组织党员 42 人、村组代表 40 人、青年志愿者 30 人等共计 112 人带头进行公共区域卫生清理，如溪流、河道、水渠、水井、山塘及卫生死角的各类垃圾。二是实行门前环境卫生“三包”制度，内容包括：环境卫生、绿化管理、责任区内秩序，自觉接受人居环境整治督查评比小组的检查，共同维护环境整洁。三是由包片干部和村民小组组长动员组织群众对辖区进村入户道路两旁的杂草，排水沟里的有色垃圾的清理，做到人人皆晓，展现了全民参与的集体精神。四是通过保洁员全日制上岗制度对各自的责任区域常态化清扫、保洁。五是通过成立人居环境评比小组采取定期检查考核，实行交叉检查评比，检查范围包括公共区域卫生和家庭卫生，考核结果纳入各组及个人年末绩效考评。

针对在人居环境、乡村治理、产业发展等工作中发现党员干部凝聚力不强、发展的思路不够明确、为民办事的力度不够、深入群众的意识不强、工作开展遇难而退等问题，党支部以问题为导向，开展了党员干部联系服务群众“五个到户”，“我为群众办实事”等实践活动，以便充分发挥党员干部的带头引领作用，进而及时解决人居环境治理方面的动员、宣传阻力较大，效果不明显，工作难以推进等问题。同时广泛听取群众意见，对收集、整理的民情民意及时召开碰头会，确定完成时间节点，对暂时或自身不能解决的及时上报镇党委、党政府和相关行业部门，争取民生实事快速办结。

2. 发展壮大村集体经济

通过党员、干部示范引领带动群众种植刺葡萄、柑橘、黄桃等特色水果。2020 年通过整合供销社、农商行（原信用社）、电子商社实现了“三社合一”。供销社为乡村产业发展提供坚强的农资供应保障及产品销售渠道；农商行给予社员和农户办理产业发展贷款 121 笔，共 726 万元；同时成功引进农产品电子商务项目，通过培训电商人才、组建电商队伍、对接线上线下网络平台，修建 800 m^2 分拣仓和 380 m^3 冷藏库，帮助农户销售葡萄、柑橘等农产品 1 200 t。

发展葡萄、黄桃、柑橘等水果种植业的同时，为延长产业链，实现果农增产增收，该村积极兴办农副产品加工业。先后引进省级龙头企业（湖南省海联食品有限公司），创办南方葡萄沟酒庄，建立产业基地 50 亩和产品深加工生产线，引进投资 5 000 万元，年产值 500 万元。党支部书记引领种植大户创办了湖南省桐木酒庄有限公司，该企业引进投资 450 万元，建成年加工刺葡萄酒达 200 t 的生产线，年产值 120 万元。龙头企业带动第一、第二、第三产业融合发展，同时解决了 200 余人，其中脱贫人口 25 人的就近就地就业。实现产业多元化发展模式，打造出一个党建引领发展的特色村。

3.“三社合一”试点

整合资源，利用现有村级服务中心，由村支“两委”发起组建中方县桐木镇大松坡村供销合作社、专业合作社和农村信用服务社“三社合一”服务站。成立了组织机构，组织召开全体社员大会，选举产生了“三社合一”班子成员，讨论制定了规章制度、工作流程，完成了社员的注册及营业执照的办理。“三社合一”具体内容是合作社，其中村集体占股 51%，其他社员占股 49%。经营服务范围：农业生产技术的培训指导，具体包含种植、养殖、加工 3 个方面，负责落实农业的生产、技术管理和产品销售。农商银行给大松坡村“三社合一”的社员和农户进行全面整村授信，了解每家每户情况，掌握详细资料，通过村五老成员认可，实事求是地给每户授信的额度进行评定。根据评定结果，社员、农户可以办理信用卡直接贷款，不需要任何担保，同时也减少了贷款程序。农业农村局提供农业技术服务，人社局提供技能培训。

（三）【经验启示】

组织振兴是乡村振兴的“第一工程”，基层党组织建设得好不好、作用发挥强不强，直接关系乡村振兴的速度、质量和成效。党建引领凝聚了人心，激发了活力，始终将基层党建工作的重心放在服务群众、改善民生上，让群众在乡村振兴中发挥主体作用，唱好“主角戏”，推动了大松坡村的全面发展：因地制宜推动产业发展，依托产业兴镇，以农助旅、以旅兴农，走出了一条兴产业、活一地经济、富一方百姓的发展之路。在乡村振兴的赶考路上，必须加强基层党组织的领导作用，以党建赋能产业振兴，扣紧“党建+”与政治、民生、经济的联系，以基层党组织战斗力凝聚乡村振兴“引擎力”。

二、湖南省娄底市新化县油溪桥村：“小积分”激发乡村治理“大能量”

（一）【案例背景】

党的二十大报告强调，“健全共建共治共享的社会治理制度，提升社会治理效能”。当前中国乡村社会发生了深刻变迁，过去以“熟人社会”为基础的传统乡村治理模式无法有效应对乡村社会中的新问题与新挑战。乡村基层治理制度的完善，需要改变传统的非正式治理机制，实现基层治理模式的现代化。强调村民参与乡村治理，凸显村民在乡村治理中的主体地位，可以有效激活乡村发展内生动力。

“积分制”，是油溪桥村创立的村级事务积分管理制度，包括基础分和管理建设分两部分。具体来说，是将户籍人口、自然资源、遵守村规民约、建设乡风文明、参与公共事务（义务工）、占用山地林地等都细化成具体的分数，村民们积的分越多，在村里所占股份越多，能获得的分红也越多，得到的实质性回报自然也越多。近年来，油溪桥村以创新村级事务管理积分制为“杠杆”，吸引广大村民参与到日常事务管理中，并按照积分排名情况给予现金分红奖励，撬动乡村治理改革，让油溪桥村不断“加分”，“积”活了农村生产力。通过10年的“积分制”管理，油溪桥村从一个省级贫困村，发展成为全国文明村、全国乡村振兴示范村、全国乡村治理示范村、全国百强特色村庄、中国最美休闲乡村。

（二）【主要做法】

1. 积分制践行了“群众的事群众办”的群众路线

积分制源于2009年的一项饮灌一体供水工程。当时，工程资金缺口巨大。为解决资金问题，经村民商议决定，除安装管道的技术工外，其他用工由村民义务酬劳并记作积分，有积分的农户按成本价用水且每年按积分分红，没有积分的农户按经营价用水。最终结算，村里仅支出60余万元便建成了预算300万元的自来水工程。此后，积分制先后进行8次修订，每次修订都由群众共同商定。如今，在政策与技术的双重支持下，积分制实现了从手工记录“积分制1.0”、积分与股份挂钩“积分制2.0”到线上申报、公开审批“积分制3.0”的升级转变，实现了民事民议、民事民办、民事民管。

2. 积分制解决了“不患寡而患不均”的分配难题

如何合理分配乡村所得收益和村庄治理任务，是所有乡村治理者都面临的治理难题。分配得好，自然皆大欢喜；分配得不好，则很容易引发群众矛盾和信访问题。油溪桥村将村级事务细分量化，并确定一定分值，以后视实施结果予以积分，很好地解决了这一问题。基础分相当于“基本工资”，由村民所拥有的自然资源和油溪桥村户籍组成，它能确保所有村民都参与其中，并享受村集体利益分红和其他福利。而管理建设分相当于“绩效”，根据村民在发展建设工作中的参与程度、贡献大小、因发展需要被占用的田土林地等资源状况进行对应的分数量化，多劳多得、多出多得，人人平等。为充分保障村民的知情权、参与权和监督权，谁应该积分、怎么积分、积多少分都公开透明。如今，通过数字化工具村级事务管理平台，积分规则及组织流程完全线上化，积分制变得更加公平公正、公开透明、高效及时，“多劳多得、多出多得”已经成为村民共识，人民群众的获得感、幸福感大大增强。

3. 积分制凝聚了“众人拾柴火焰高”的治理合力

量化积分不仅帮助村委会实现了标准化、规范化、科学化管理，还激发了村民积极参与村级事务的主人翁意识。修订完善后的积分制，已经覆盖到村民的行为规范、生产生活的方方面面，还把村里分散的自然资源、人力资源等进行了整合，既与村民的自身利益密切相关，也与村集体经济的统筹发展紧密相连。在积分制的激励下，村民们参与村级事务的热情大大提高，爱党爱国、遵纪守法、遵守村规民约、爱护生态环境的自觉性大大增强。如今，油溪桥村村民们心往一处想、劲往一处使，把一个远近闻名的贫困村建设成了一个产业兴旺、生态宜居、乡风文明、治理有效、生活富裕的幸福村。

（三）【经验启示】

油溪桥村通过建设村级事务积分考评管理制度，让每个村民既是振兴油溪桥村的参与者，也是最大受益者，也让油溪桥村走出了独具特色的乡村善治之路。让村里大小事务都以“积分”体现，撬动乡村治理改革，带领全村群众不等不靠、自力更生、自主脱贫，蹚出了一条农业增效、农村增美、农民增收的新路子。一是得益于农村基层党组织领导作用，油溪桥村通过加强基层党组织建设，发挥了村党支部的战斗堡垒作用和党员先锋模范作用，这给积分制的制定与落地提供了坚强的组织保证。二是产业兴旺是重点，油溪桥村在推行积分制的基础上，牢牢牵住产业兴旺这个“牛鼻子”，深耕本土资源，形成了五大支柱产业，让农民钱袋鼓起来，获得感、幸福感日渐丰盈，为乡村治理提供了丰厚的物质基础和不竭动能。三是坚持以人民为中心，油溪桥村在实行积分制的过程中，“问政于民、问需于民、问计于民”，激发了村民自我管理的内在动力，形成了共建、共治、共享的基层社会治理格局，为乡村振兴注入澎湃力量，让农村成为安居乐业的幸福家园。

三、安徽黟县：“古村落＋新民宿”双轮驱动创新发展模式

（一）【案例背景】

农村宅基地和住宅是农民的基本生活资料和重要财产，也是农村发展的重要资源。

积极稳妥开展农村闲置宅基地和闲置住宅盘活利用工作，是壮大农村集体经济、提高农民收入水平以及推动城乡融合发展的有效途径。采取多种方式盘活利用农村闲置宅基地和闲置住宅，有利于进一步提高农村土地资源利用效率，为激发乡村发展活力、促进乡村振兴提供有力支撑。

安徽黟县在实施乡村振兴战略实践中，创新思维，因地制宜利用当地资源，有序推动农村闲置农房（宅基地）流转、空心村整村流转。通过颁发《不动产权证》《农房经营权证》及集体土地入市交易等措施有序推进建设项目203个，建成运营近千家各具特色的民宿客栈、乡村酒咖，聚集形成8大民宿产业集群，总量占全省的1/3。全县提供全职就业岗位3 900个，间接带动村镇2万余人就近就业，实现全县旅游年收入增加20亿元、综合收入80亿元，让“空心村”重生、“旅游村”更火、“产业村”更旺。

（二）【主要做法】

1. 利用平台提质效

探索更加贴近企业、符合企业发展需求的服务载体，将碎片化资源资产通过集中收储、整合提升，利用四大平台（招商平台、流转平台、资产大数据平台、运营平台）导入产业项目，以实现在最短时间内提高资源最大开发使用率。

2. 摸清底数明方向

全面启动“百村计划”，开展山、水、林、田、湖、草、砂石、闲置农房（宅基地）等生态资源清查摸底工作。建立县级资产储备库，根据资产属性，对可开发、可推介、可运营的资产率先开展收储，由县资规局和各乡镇对资产范围、“三区三线”及用地性质进行再确认，确保可用资源合理性、规范性、清晰性。累计摸排登记农村闲置资产340处，其中优质资产112处。收储农房13户，木材加工厂1处，休闲度假区1处，直接为农民增收658万余元。

3. 积极宣传拓渠道

制作专属招商手册、主题片、卡片及“百村计划”优质资产展示片；与上海公拍网、安徽文交所等网络平台积极对接合作，通过“互联网+”模式，在线推介黟县乡村优质资产，其中淘宝平台最高观看量高达5万人次；积极参与数字中国建设峰会等会议推介资产包，赴南京、合肥、杭州、深圳等地开展招商引资，邀请南京、深圳、北京、天津等地客商来黟考察与洽谈。

4. 金融赋能强助力

联合金融机构针对“两山”业务开发“两山贷、强村贷”等特色金融产品，为乡村经济发展添砖加瓦，如徽商银行对两山转化公司授信1.9亿元，到位资金1.4亿元。积极谋划“黄山市黟县和美乡村农旅基础设施提升工程项目”专项债项目，借鉴学习浙江省“千万工程”经验案例，结合实际，编制《黟县北部片区乡村旅游基础设施项目》和《黟县和美乡村建设保护项目》可研报告，助力黟县乡村振兴产业建设。

5. 项目发展显成效

利用闲置资产培育发展乡村经济，通过资产转变股权等模式，推动乡村旅游等相关产业快速落地，如洪星乡方坑岭村的强乡富村影视基地首期工程正式启动，电影《老炮敢死队》开机仪式在此举行，开创了一条文化带动各业繁荣的乡村振兴模式。同时发挥平台赋能，推动各乡镇产业化发展，柯村红色研学拓展体验基地项目已投入使用，塔川田园综合体、渔亭鳕鳜鱼养殖及预制菜、西递上村“徽州婚俗文化村”、渔亭古村落提升改造等项目正有序推进。

（三）【经验启示】

农村闲置宅基地和村民闲置住宅盘活利用是深化农村改革推进乡村振兴的重要内容，整合利用农村闲置的各类资源，拓宽城乡对接通道，吸引社会资本和创业人才等参与盘活利用、策划开发、发展乡村产业，是推进农村生态产品价值实现的重要路径。黟县“古村落+新民宿”双轮驱动创新发展模式的核心在于，“新民宿”可持续发展的根本保障就是古村落生态环境的永续发展，而发展“新民宿”可使古村落获得更好的发展机会，二者相辅相成，互动发展。同时，让农民成为乡村旅游的主要参与者和最大受益者始终是黟县民宿发展的靶心，强化“能人”带动，积极引导民宿业主投身人居环境整治和乡村振兴，为打造宜居宜业宜游新乡村贡献力量。

四、重庆：地票统筹城乡发展，促进生态价值实现

（一）【案例背景】

2008 年开始，重庆探索开展了地票改革试验，通过将农村闲置、废弃的建设用地复垦为耕地等农用地，腾出的建设用地指标经公开交易后形成地票，用于重庆市为新增经营性建设用地办理农用地转用手续等。地票制度及其市场化交易机制的建立，在促进耕地保护、盘活全市农村闲置资源、拓宽农民增收渠道、推动城乡融合发展等方面发挥了积极作用，并取得了良好的经济社会效益。

为推动城乡自然资本加快增值，进一步完善地票制度，2018 年重庆市印发了《关于拓展地票生态功能　促进生态修复的意见》，将地票制度中的复垦类型从单一的耕地，拓展为耕地、林地、草地等类型，将更多的资源和资本引导到自然生态保护和修复上，地票制度实现了统筹城乡发展、促进生态产品供给等生态、经济和社会综合效益导向。

重庆市建立了城乡要素双向流动的制度通道，促进了城乡资源要素的市场化配置，地票交易唤醒农村“沉睡的土地资产”，在保持耕地红线不突破的情况下有效增加城市建设用地指标供给，解决城市建设用地紧张的问题，同时保护了农村的耕地和生态环境。

（二）【主要做法】

1. 因地制宜实施复垦

按照“生态优先、实事求是、农户自愿、因地制宜”的原则实施复垦，宜耕则耕、宜林则林、宜草则草。在重要饮用水水源保护区、生态保护红线区等重点生态功能区，以及地质灾害点、已退耕还林区域、地形坡度大于 25° 区域、易地扶贫搬迁迁出区等不适宜复垦为耕地的区域，主要引导农户复垦成为林地、草地等具有生态功能的农用地。在上述之外区域，具备复垦为耕地条件的，特别是在永久基本农田控制线内，必须复垦为耕地，并分别明确复垦地类验收标准，所有经复垦验收合格的地块，都可以申请地票交易。

2. 划定地票使用范围，稳定交易规模

通过明确新增经营性建设用地“持票准用”制度，即重庆市范围内新增加的经营

性建设用地，都必须在购买地票后再办理农用地转用手续；对于在征收和农转用环节按非经营性用地使用计划指标报批，之后调整为经营性建设用地的，在出让环节补交地票，确保了每年 3 万亩左右的地票市场规模。

3. 严格按照规划管控地票的生产和使用

地票的产生地必须在城镇规划建设用地范围之外，地票的使用必须符合国土空间规划的要求，严禁突破规划的刚性约束。在地票运行过程中，落实了城镇建设空间布局优化与农村建设用地减少相挂钩的规划目标，确保生态用地不减少、建设用地总量不增加。

4. 保障复垦权利人和地票购买主体的权益

明确地票收益归农，地票价款扣除复垦成本后的收益，由农户与农村集体经济组织按照 85∶15 的比例进行分配，目前农户获得的最低收益为 12 万元 / 亩，村集体获得的最低收益为 2.1 万元 / 亩。同时，对复垦为耕地和林地的地票，实行无差异化交易和使用，并统筹占补平衡管理，确保复垦前后的土地权利主体不变、所获收益相同，保障复垦主体的权益。购买主体使用地票办理农用地转用手续的，不缴纳耕地开垦费和新增建设用地土地有偿使用费等有关费用。

5. 注重与相关工作统筹联动

将地票改革与户籍制度改革、农村产权改革、农村金融改革、脱贫攻坚等工作统筹联动，拓展地票生态功能的探索与历史遗留废弃矿山生态修复、林票改革等工作配套衔接，推动改革形成综合效应。在历史遗留废弃矿山生态修复治理中，鼓励各地区因地制宜地开展建设用地复垦，腾出的指标参照地票进行交易，不断提升生态修复效益和生态产品供给能力。

（三）【经验启示】

重庆地票交易是基于现有政策框架下的制度创新设计，与国家全面深化农村土地制度改革和健全城乡发展一体化体制机制方向一致。重庆通过拓展“地票”的生态功能，充分考虑了国土空间规划、周边现状地类和地块自身条件等因素，更加契合农村土地利用需要和环保要求，为乡村生态旅游等产业发展奠定了坚实基础。地票让农民有了财产性收益，实现了地票制度设计的初衷：城市反哺农村，为农民创收。同时，地票制度的实施，促进了城乡用地的协调发展。地票将新增建设用地指标、耕地占补平衡指标、建设用地规划空间指标功能进行捆绑，既盘活了农村存量建设用地，也在不增加建设用地总量的前提下，保障了城镇化快速发展区域的用地需求。

五、浙江杭州余杭区青山村：建立水基金促进市场化、多元化生态保护补偿

（一）【案例背景】

青山村是浙江省杭州市余杭区黄湖镇下辖的一个行政村，村内三面环山、气候宜人，森林覆盖率接近80%，拥有丰富的毛竹资源。20世纪80年代，周边出现很多毛竹加工厂，为增加毛竹和竹笋产量并获取更高的经济效益，村民在水库周边的竹林中大量使用化肥和除草剂，造成了水库氮、磷超标等面源污染，影响了饮用水安全。由于水源地周边的山林属于村民承包山或自留山，仅通过宣传教育或单纯管控的方式，生态改善的效果不明显。

2014年，生态保护公益组织“大自然保护协会”（The Nature Conservancy，TNC）等与青山村合作，开始采用水基金模式开展了小水源地保护项目。通过建立善水基金信托、发展绿色产业、建设自然教育基地等措施，引导多方参与水源地保护并分享收益，逐步解决了龙坞水库及周边水源地的面源污染问题，构建了市场化、多元化、可持续的生态保护补偿机制，实现了青山村生态环境改善、村民生态意识提高、乡村绿色发展等多重目标。

（二）【主要做法】

1. 组建善水基金信托，建立多方参与、可持续的生态保护补偿机制

2015年，TNC联合万向信托等合作伙伴，组建了善水基金信托并获得33万元的资金捐赠，用于支持青山村水源地保护、绿色产业发展等，第一个信托期为2016—2021年。借鉴国际上成熟的水基金（Water Fund）运行模式，善水基金信托建立了由各利益相关方参与的运行结构和可持续的生态保护补偿机制。一是当地村民可以作为投资人并与善水基金签署信托合同，将林地承包经营权以财产权信托的方式，

委托给善水基金集中管理（评估后确定其份额）。二是其他机构、企业或公众个人也可以通过投资或者捐赠的形式参与信托。三是组建决策委员会，由委托人代表（村民、企业、个人投资者等）、TNC和受托人代表（万向信托）组成，各方对资金使用、林地管理等重大决策拥有平等的投票权。四是成立市场经营主体，2015年善水基金出资10万元成立水酷公司（后由青山乡村志愿者服务中心等青山自然学校团队作为善水基金运营方），推动形成可持续的生态保护补偿机制（图7-1）。

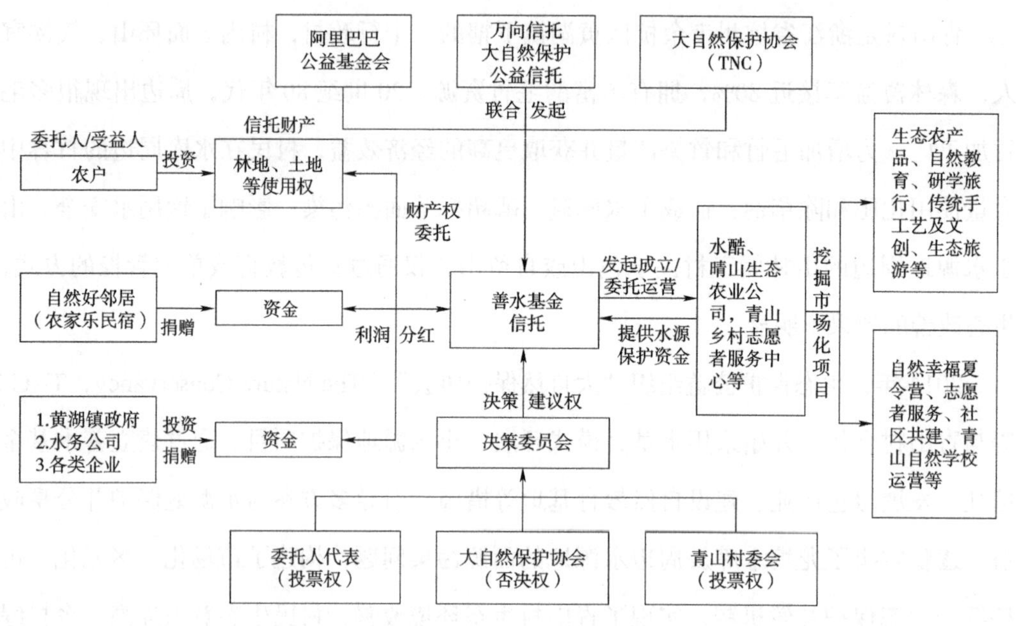

图7-1 善水基金信托运行结构

2. 坚持生态优先，基于自然理念转变生产生活方式

在当地政府和青山村的支持下，善水基金信托按规定流转了水源地汇水区内化肥和农药施用最为集中、对水质影响最大的500亩毛竹林地（涉及43户村民），基本实现了对水库周边全部施肥林地的集中管理，有效控制了农药、化肥使用和农业面源污染。同时，TNC作为信托的科学顾问，充分发挥专业优势，积极推动水源地生态保护，促进村民基于自然理念转变生产生活方式，例如，每年定期组织志愿者和聘用村民对毛竹林进行人工除草和林下植被恢复，在杜绝使用除草剂的同时，发挥竹林的水源涵养功能；联合杭州等地企业开展环境宣传教育，引入外部合作机构开展垃圾分类、厨余堆肥等活动，提高村民尊重自然、保护自然的意识。

3.“生态”带“产业”，拓宽美丽经济路径

积极探索美丽乡村向美丽经济转变路径，结合水源保护、传统文化、低碳生活理念，发展生态旅游产业，推进特色民宿建设，发展乡村农家乐，开发生态体验项目。推广“自然好邻居”项目，目前项目参与农户超过 70 户，以小于 100 万元的公益投资撬动了近 3 亿元社会资本参与生态环境保护和绿色经济发展，形成“公益投入、环境提升、致富增收、反哺公益”的良性循环，每年每户增收 1 万元以上，带动 200 余人直接就地就业。构建绿色产业发展模式，积极培育市场主体，开展多元化项目开发，扩展农产品销售渠道，以生态产业带动强村富民。目前，青山村已培育民宿 3 家、农家乐近 10 家、农庄 1 处、竹制品工坊 2 家，还引进了文创产业——融设计图书馆、融设计百工坊，还有环保教育自然营地、大马湾创意休闲度假酒店等。

（三）【经验启示】

浙江省杭州市余杭区青山村通过成立水基金信托引入社会资本参与生态保护补偿。一方面，经济手段和政策手段并用，激励农民参与生态保护并获得基金分红，控制了面源污染并提升了水质；另一方面，水基金信托出资成立企业，在挖掘当地资源优势的基础上设计了多样化的商业项目，盈利后反哺社区，同时引入其他丰富的业态来共同助力乡村振兴。青山村的实践可以为市场化、多元化的生态保护补偿制度的构建提供借鉴，是以生态保护促进乡村振兴的典型案例。水基金信托的模式是一种典型的市场化、多元化的生态保护补偿方式，它不仅为社区参与保护生态环境提供了基本经济补偿，也通过发展绿色产业对社区发展权给予了补偿，促进了乡村振兴。该模式可为其他类型的市场化生态保护补偿机制提供借鉴。

六、浙江省丽水市云和县：生态产品政府购买让好生态换取“好身价”

（一）【案例背景】

生态产品政府采购是指行政主体使用财政资金向各类法人、农村集体经济组织等其他组织或自然人采购生态产品的行为。作为生态产品价值实现的重要途径之一，生态产品政府采购使原本难以得到补偿的调节服务型生态产品提供者可以根据其提供的服务获得相应的补偿，较好地实现了"让保护者受益，让提供者获得"的原则。从另一角度而言，生态产品政府采购以政府购买的形式推进生态系统服务的价值转换，更好地维护了提供者的利益，增进民生福祉的同时保障了生态环境领域的社会公平与分配正义。

为进一步高水平推进生态产品价值实现机制试点工作，云和县2020年创新推出《云和县生态产品政府采购试点暂行办法》，探索生态产品政府采购工作，在激励全社会做好生态环境保护工作，使人民共享集体GEP增值红利，进而推动"绿水青山"源源不断地变成"金山银山"等方面发挥了巨大作用。

（二）【主要做法】

1. 完善顶层设计，高水平推进生态产品政府采购工作

为深入贯彻落实习近平生态文明思相，浙江省丽水市云和县成立了县政府生态产品采购试点工作领导小组，领导小组组长由县政府主要领导担任，由财政局负责审核采购预算、安排采购所需财政性资金，批准所试行的采购方式，出台生态产品政府采购资金管理办法。确定生态产品政府采购参照生态系统生产总值（GEP）核算报告，从"生态系统产品价值、生态调节服务价值和生态文化服务价值"3个方面评估区域生态产品价值，明确生态产品的范围，确定了调节服务类生态产品中的水源涵养、气候调节、水土保持、洪水调蓄四项品目，采购量按四项品目总量（值）的0.1%～0.25%采购。

2. 以分期支付和增长奖励为主要利益分配手段

《云和县生态产品政府采购试点暂行办法》规定，县政府授权县发改局下属的事业单位，向生态产品所在乡镇人民代表大会授权的生态强村公司采购生态产品。采购过程基于"指标引领，奖励跟进"的整体原则，生态产品采购合同总价款分两期支付，第一期按总价款的70%支付；第二期按生态环境的质量指标支付。生态环境的质量指标主要包括"地表水环境质量不低于Ⅱ类水质标准"和"空气质量等级不低于上年度

值”，各乡镇（街道）依照实际情况选择指标项，符合条件即全额支付剩余价款。同时，若 GEP 增长显著，则适当奖励被采购人（被采购单位）。限定采购资金将用于开展生态资源资产保护修复、生态资源资产整合转化、生态文化传承弘扬、生态惠民帮扶、生态产业化培育与品牌经营等方面工作，以生态支出换取生态效益，推动环境治理提档升级。

（三）【经验启示】

探索试点的生态产品政府采购制度作为生态产品价值实现的创新模式，以 GEP 增量为根据确定政府付费标准，更好地调动生态保护和绿色发展积极性，使原本难以得到补偿的调节服务型生态产品提供者可以根据其提供的服务获得相应的补偿。尽管也存在生态产品价值核算能力不足、市场化运营较为欠缺等方面问题，但这也为乡村生态产品价值实现提供了一种新的思路和模式：农村生态保护越得力，GEP 越增值，政府采购的总价值就越多，乡村发展就能得到更多的资金保障和政策保障，从而促进“绿水青山”和“金山银山”的良性循环。

第八章

问题思考与总体构想

第一节　全面推进乡村振兴背景下生态产品价值实现的问题与挑战

（一）公众对乡村生态产品价值的认知程度普遍偏低

现阶段生态文明建设已经提升到前所未有的高度，社会各界对生态环境保护和生态文明建设的认知深度和广度都有了明显提升，对于生态产品及其价值实现路径也有了更清晰的认知。但是，公众对乡村生态产品的认知程度并不高，特别是对于通过乡村生态产品价值实现能够给农民带来稳定收入的可行性以及对于乡村生态产品推动全面振兴的天然普惠性的认知，还远远不足。

（二）农村基层组织和农民主体作用发挥不够

农村基层组织和村民是推进农村生态文明建设、推进农村生态产品价值实现的主体，其作用必须得到充分发挥。但目前农村基层组织作用发挥不够，其主观能动性没有激发出来，村民的参与严重缺位，农民参与的长效机制匮乏，很多农民缺乏生态环保意识，仍存在政府干、群众看、意见多等问题。此外，农村人口老龄化问题日益突出，一定程度上也影响了村民主体作用的发挥，如何吸引更多年轻人回乡创业就业，为乡村振兴注入活力是一个亟待解决的难题。

（三）乡村生态产品同质化较为严重

乡村生态产品经营开发方面，部分地区乡村生态产品价值实现过程中缺乏科学规划，同质化现象较为严重。如有的地区盲目跟风发展特色民宿、农家乐、乡村旅游等产业，缺乏特色和创新性的生态产品，市场竞争力较弱，造成资源浪费。也有部分地区在开发乡村生态产品时“去小农化”现象明显，由行政手段和资本主导下的“去小农化”过程将小农生产方式视为落后生产方式予以清除。我们要清醒地认识到，振兴乡村的关键在于振兴小农，而非振兴资本，我们力求实现的小农户与现代农业发展的有机衔接是在坚持小农户和小农农业生产方式与现代农业平行主体地位基础上的有机衔接。

（四）乡村生态产品价值核算比较困难

除农产品外，绝大多数乡村生态产品都属于公共产品（宜人的气候、清洁的空气、干净的水源等），其产权难以界定，受益主体也难以辨识，由此造成价值衡量的困难。同时，乡村生态产品价值核算的关键技术尚未突破，即使针对同一生态产品，因指标体系和评估方法的不同，不同评估机构的核算结果也会存在明显差异，造成乡村生态产品价值核算结果争议大、区域可比较性差等问题。价值核算体系的不统一、不全面，导致对乡村生态产品价值的核算结果缺乏可信度和公允性，进一步加剧了乡村生态产品价值实现的难度。

（五）警惕乡村振兴过程中乡村过度产业化

一系列以扶贫为名的产业项目或“公司＋农户”的纵向一体化则将乡村再次推入自由市场竞争之中，而地方政府专于“造点”，乐于“示范”，使产业经营往往脱离地方实践和农民群体的实际需求，脱嵌于乡村社会。在乡村振兴背景下探索生态产品价值实现机制，应深刻反思现行的产业推进和企业下乡举措，在坚守农民主体性地位的基础上推进农村第一、第二、第三产业融合发展，让农民享有产业链环节中的绝大部分附加收益。而依托“产业兴旺”的物质基础，以综合基础设施建设、文化建设、环境治理和社会工作等活动来复原乡村活力，将是振兴乡村的重要行动。

（六）农业生态产品开发的资金支持力度较弱

由于生态农业投资风险较大，企业对农业生态产品投资的激励不足。如果仅依赖政府财政投入，市场化投入不足，难以满足农业生态产品的资金需求。目前，农业生态产品开发资金主要来源单一，生态保护补偿标准也没有充分考虑农业生态产品供给者开展生态环境保护的区域差异性。农业生态产品资金支持方式较为单一，非市场化特征明显，重政府供给，轻市场运作，企业、集体和机构等市场主体弱化。尚未建立基于市场化的绿色金融、碳汇交易、生态资源特许经营等多渠道生态融资模式，对推动农业生态产品价值实现的支持力度有限。

（七）农业生态产品标准化程度不高

农业生态产品在绿色供应链中各环节的标准化程度不高，各环节内部以及环节之间的衔接不密切，导致绿色供应链运转效率低下。供需双方缺乏实时沟通交流的信息平台，不能快速将农业生态产品在供应端和消费端形成有效匹配。农业生态产品在流通环节成本较高，在产品保护、运输、交易过程中技术和设施配套不全，造成效率低下、成本上升，不利于农业生态产品扩大再生产和价值实现。大多数地区仅停留在简单的特产售卖、旅游资源开发等初级阶段，总体上没有形成区域发展联动效应。

（八）在乡村生态产品价值实现过程中，农民与市场、政府之间的利益联结机制较弱

尚未建立全国统一的农业生态产品价值补偿制度促进区域间利益均衡，难以推动建立有效的合作机制，进而导致实现跨区域、跨行政区的生态产品价值补偿难度较大。我国乡村生态产品主要有乡村旅游、生态保护补偿、碳汇交易等实现路径，但是所获收益多归于地方政府、资本和少数农村精英，农民的收益只来自土地流转、工资收入等，不能有效调动农业生态产品供给者的积极性和保障其合理权益诉求。农民是绿水青山的主人和守护者，农民理应充分享有乡村生态产品价值实现带来的收益。

第二节　协同推进生态产品价值实现与乡村振兴的思路与任务

一、加强宣传引导，提高社会对乡村生态产品及其价值实现的认知水平

深刻领会“绿水青山”和“金山银山”的辩证统一关系。促进乡村生态产品价值实现，是辩证认识“绿水青山就是金山银山”的具体表征，更是马克思主义中国化和

习近平生态文明思想的理论内涵升华。以遵循生态规律为基础，切实提升乡村生态产品的质量和效用，增强生态系统服务功能，提高优质乡村生态产品的供给能力。同时，积极推动深化体制改革，打破部门间的利益藩篱，突破政府单一提供公共产品的桎梏，有效利用闲散、碎片化的生态资源，以确保生态产品市场交易的有序性和公平性。

加大宣传力度，提高社会对乡村生态产品价值实现可行性的认知水平。乡村生态产品价值实现，能够整合乡村生态资源，提升生态产品的溢价能力，从而持续增加农民收入。特别是对于生态资源禀赋丰富但经济相对落后的脱贫县，加快乡村生态产品价值实现是持续增加农民收入、巩固拓展脱贫攻坚成果和推动乡村振兴的有效途径。强化“绿水青山就是金山银山”的理念认知，让全社会知晓乡村生态产品具有实现共同富裕的天然公平性和价值实现的可能性，需用更加通俗易懂的语言加强科普宣传工作，引导公众形成绿色生产生活方式，促使农民创新乡村生态产品的供给方式，进而提升乡村生态产品的品质。

二、加快完善法规制度标准体系，建立农村生态文明建设引导和激励机制

逐步完善农村生态文明建设标准体系。针对农村人居环境整治，要允许不同地区根据环境质量、自然条件、经济水平和农民期盼，科学确定本地区建设目标任务，不能盲目超越社会、经济发展阶段，合理、适度确定工作重点领域和工作进程。针对生态低碳农业，要建立健全符合生态化要求的农业生产、农业废弃物资源化利用等标准体系，提升农业绿色发展水平。制定农业面源污染重点区域识别、环境监测、污染调查、治理成效评价等系列标准规范。针对农村产业生态化转型，要探索制定特定地域单元的生态产品价值核算办法，为生态产品市场经营开发、担保信贷、权益交易等提供依据，助推乡村打通“绿水青山”向“金山银山”转化通道，提升绿色发展能力。

因地制宜建立完善引导和激励机制。在有条件的地方可以结合生态文明示范区县、“两山”理念实践创新基地、“无废城市”等相关示范创建工作的目标指标进行引导，并结合当地实际，探索建立农村生态文明建设工作体系。研究编制试点创建的建设指标、管理规程和工作流程，包括建立激励约束机制和资金支持政策，形成可复制、可

推广的模式经验，加强宣传引导，以试点先行先试推动地区农村生态文明建设标杆创建，以农村生态文明建设丰富和完善生态文明建设总体内容，助推乡村振兴，推动农村生态产品价值实现和经济社会全面绿色健康发展。

三、摸清乡村生态产品“家底”，厘清生态资源产权关系

巩固和完善农村基本经营制度。坚持农村土地农民集体所有，这是农村基本经营制度的基础和本位。坚持家庭经营的基础性地位，其他任何主体不能取代农民家庭的土地承包地位，不论如何流转，集体土地承包权都属于农民家庭。坚持稳定土地承包关系，只有土地承包关系长久不变，才能实行“三权分置”。对农民土地承包经营权实行确权、登记、颁证后，农户流转承包土地的经营权才能踏实、放心。同时，农民承包土地的经营权是否流转、怎样流转、流转给谁，只要依法合规，都要让农民自己做主，任何个人和组织都无权干涉。

明确所有权和使用权的界限。由于资源特性和产权归属各异，部分资源在农村区域也具有公共品或准公共品的性质，因此在价值实现过程中，需厘清资源权属及分配关系，建立可交易的生态要素产权制度，形成具有生态资本特征的运营机制和管理模式。农村生态资源具有融合性与丰富性，既包括自然山水及生态景观，也包括古居民俗等人文资源。加快自然资源资产产权制度改革，开展乡村生态产品普查，明确乡村生态资源存量和潜在可转化资源，分区域建立乡村生态产品目录清单，确定生态保护红线的具体边界和资源环境承载力，探索开展与国民经济核算相一致的乡村生态资源资产负债表编制工作。

四、搭建生态产品交易平台，完善生态资源运营制度

促进农村生态资源价值化的实现，需要建立多样化的生态产品价值实现途径，遵循“厘清产权、科学计价、实现增加生态价值”的思路，运用市场经济手段实现生态产品价值。由于我国农村资源的产权一直以来主要以村社和地缘为边界，借助于集体经济组织，完善市场运营管理机制，更有利于促进城乡要素有序流动，壮大集体经济和增加农民财产性收入，重构农村可持续发展的经济基础，实现乡村基层有效治理。

鼓励各地根据社会经济现状和未来发展规划，探索成立区域性的生态产品交易平台，按照统一交易规则，完善信息交互共享、多元主体共建、市场竞争公平的市场交易机制，辅之出台相关财税政策、信贷政策、产业政策等，进而促进乡村生态产品价值实现。加快完善乡村生态产品价格形成机制，鼓励乡村生态产品的供需双方开展中长期交易，引导价格在合理区间运行并真实反映市场供求关系。

五、强化乡村生态产品价值实现的要素配置和保障体系

乡村生态产品价值实现不会自然而然地实现，需要依赖乡村基础设施、乡村人力资本、乡村社会资本、乡村治理能力等多因素的有机结合，基于乡村生态资源的整体性和不可分性、就地性和不可移动性等特殊属性，良好的政府治理机制是提高两者协同效率的关键。因此，要按照产业兴旺、生态宜居、乡风文明、治理有效、生活富裕的总要求，统筹推进农村经济建设、政治建设、文化建设、社会建设、生态文明建设和党的建设，加快推进乡村治理体系和治理能力现代化，加快推进农业农村现代化。

打造特色乡村生态产品公共品牌，形成规模效应。中国乡风乡情各异，乡村生态产品表现形式也不同，具有鲜明的地域特色。乡村生态产品的多元性，要求地方政府需充分考虑区域发展的现状和潜力，创新乡村生态产品种类，探索“生态 +”产业模式，实现集群式发展，从而提高对外竞争水平。据此，各地可以依托自身资源禀赋，培育乡村生态产品的多元化，打造覆盖全区域、全品类、全产业链的乡村生态产品公共品牌，规模化输出优质的乡村生态产品。

六、平衡好生态资源价值实现与可持续发展之间的关系

我国农村地区广阔，生态资源分布不均匀，各地经济发展的水平也存在显著差异，因此生态资源价值实现的基础、动力与空间也不相同。在实施乡村振兴战略的过程中需要正确把握经济社会发展与生态环境保护之间的关系，因地制宜平衡好生态资源价值实现与运营的适当范围与方式，统筹推进农村的全面建设和可持续发展，使二者之间相互交融、互为促进，形成有机联系，才能实现乡村振兴与农村生态文明建设的共同发展。

部分乡村生态产品具有浓重的文化价值和历史价值，具有不可逆性。一旦遭到破坏，损失巨大。因此，政府应加快制定乡村生态产品损害赔偿制度，探索重大事项稳定风险评估制度，加大损害赔偿监督力度，确保将乡村生态环境损害降到最低。国家层面，要加强绿色信用制度建设，建立惩戒机制，运用金融手段促进乡村生态产品价值实现。地方政府则可以根据地域特色和土地类型制定限制开发和禁止发展的产业目录，推行负面清单管理制度，确保乡村生态产品开发与区域主体功能区定位相协调，对违规违法、破坏乡村生态环境的行为主体建立黑名单制度。

参考文献

[1] 习近平 . 高举中国特色社会主义伟大旗帜　为全面建设社会主义现代化国家而团结奋斗——在中国共产党第二十次全国代表大会上的报告 [EB/OL].（2022-11-01）[2024-02-29].

[2] 习近平 . 论“三农”工作 [M] 北京：中央文献出版社，2022.

[3] 习近平 . 论坚持全面深化改革 [M]. 北京：中央文献出版社，2022.

[4] 习近平 . 论坚持人与自然和谐共生 [M]. 北京：中央文献出版社，2022.

[5] 中共中央宣传部，中华人民共和国生态环境部 . 习近平生态文明思想学习纲要 [M]. 北京：学习出版社，人民出版社，2022.

[6] 国家发展和改革委员会 .《关于建立健全生态产品价值实现机制的意见》辅导读本 [M]. 北京：人民出版社，2023.

[7] 国务院 . 全国主体功能区规划 . 国发〔2010〕46 号 [EB/OL].（2010-12-21）[2024-02-29]. https://www.gov.cn/zwgk/2011-06/08/content_1879180.htm.

[8] 任耀武，袁国宝 . 初论“生态产品”[J]. 生态学杂志，1992，11（6）：48-50.

[9] 曾贤刚，虞慧怡，谢芳 . 生态产品的概念、分类及其市场化供给机制 [J]. 中国人口 · 资源与环境，2014，24（7）：12-17.

[10] 国务院发展研究中心 . 生态产品价值实现：路径、机制与模式 [M]. 北京：中国发展出版社，2019.

[11] 国家发展和改革委员会，国家统计局 . 生态产品总值核算规范 [M]. 北京：人民出版社，2022.

[12] 靳乐山，李长欣 . 经济学视角下的生态产品价值实现 [J]. 环境保护，2023，51（17）：13-16.

[13] 王夏晖，朱媛媛，文一惠，等 . 生态产品价值实现的基本模式与创新路径 [J]. 环

境保护，2020，48（14）：14-17.

[14] 杨晓梅，尹昌斌 . 农业生态产品的概念内涵和价值实现路径 [J]. 中国农业资源与区划，2022，43（12）.

[15] 陈锡文 . 当前农业农村的若干重要问题 [J]. 中国农村经济，2023（8）：2-17.

[16] 高攀，南光耀，诸培新 . 资本循环理论视角下生态产品价值运行机制与实现路径研究 [J]. 南京农业大学学报（社会科学版），2022，22（5）：150-158.

[17] 胡春华 . 建设宜居宜业和美乡村 [N]. 人民日报，2023-11-15（6）.

[18] 潘丹，余异 . 乡村多功能性视角下的生态产品价值实现与乡村振兴协同 [J]. 环境保护，2022，50（16）：12-17.

[19] 黄承伟 . 新征程上全面推进乡村振兴的理论指引、战略重点与关键路径 [J]. 山西农业大学学报（社会科学版），2024，23（1）：1-11，133.

[20] 一文读懂！我国乡村建设发展历程、成就、今后重点 [J]. 老区建设，2022，（24）：4-7.

[21] 温啸宇、彭超 . 建设宜居宜业和美乡村的主要内涵和任务 [N]. 农民日报，2023-06-03（5）.

[22] 顾仲阳，常钦，李晓晴，等 . 建设宜居宜业和美乡村 [N]. 人民日报，2022-11-25（1）.

[23] 农民日报评论员 . 中国要美　农村必须美 [N]. 农民日报，2014-01-15.

[24] 本刊编辑部 . 有力有效全面推进乡村振兴——从中央农村工作会议谈 2024 年“三农”工作战略部署 [J]. 农村 · 农业 · 农民（B 版），2024（1）：4-9.

[25] 冯新刚 . 因地制宜、持之以恒、稳步推动村容村貌整体提升 [N]. 农民日报，2021-12-09.

[26] 展宝卫 . 实施全域整治赋能乡村振兴 [N]. 大众日报，2021-05-25.

[27] 蒋茜，邹绍清 . 传承保护优秀乡土文化　如何打造现代版“富春山居图”[N]. 光明日报，2022-06-29（13）.

[28] 总结推广浙江“千万工程”经验　推动学习贯彻习近平新时代中国特色社会主义思想走深走实 [J]. 求是，2023（11）.

[29] 湛礼珠，罗万纯．“政—社”以何合作？——一个农村环境整治的案例分析 [J]. 求实，2021（4）.

[30] 虞珺慧．乡村振兴战略背景下永嘉县农村人居环境治理研究 [D]. 南昌：江西农业大学，2023.

[31] 夷萍．城乡融合视域下生态产品价值实现路径研究——基于四川大邑天府共享旅居小镇的案例分析 [J]. 中国集体经济，2023（13）：21-24.

[32] 王晓策．以农业供给侧改革推进乡村振兴 [N]. 中国社会科学报，2021-08-17（A05）.

[33] 韩俊．农业供给侧结构性改革是乡村振兴战略的重要内容 [J]. 中国经济报告，2017（12）：15-17.

[34] 温铁军，罗士轩，董筱丹，等．乡村振兴背景下生态资源价值实现形式的创新 [J]. 中国软科学，2018（12）：1-7.

[35] 陈之秀．供给侧结构性改革是农业强国建设的战略任务——专访湖南师范大学中国乡村振兴研究院院长陈文胜 [J]. 食品界，2023（6）：20-24.

[36] 新华社．深入推进农业供给侧结构性改革——论学习贯彻 2017 年中央一号文件精神 [EB/OL].（2017-02-05）. https://www.gov.cn/xinwen/2017-02/05/content_5165632.htm.

[37] 新华社．中共中央办公厅　国务院办公厅印发《关于建立健全生态产品价值实现机制的意见》[EB/OL].（2021-04-26）. https://www.gov.cn/zhengce/2021-04/26/content_ 5602763.htm.

[38] 邓蓉．多功能农业开拓助力乡村振兴新途径 [J]. 蔬菜，2023（9）：1-8.

[39] 农业农村部．农业农村部关于拓展农业多种功能　促进乡村产业高质量发展的指导意见 [EB/OL].（2021-11-17）https://www.gov.cn/zhengce/zhengceku/2021-11/19/content_ 5651881.htm.

[40] “大农业”有助推动乡村振兴 [N]. 经济日报，2021-10-23.

[41] 宋成军，毛正荣．高效生态农业引领乡村振兴新境界 [N]. 光明日报，2020-10-27.

[42] 高效生态农业：农业现代化的必然选择 [N]. 光明日报，2017-04-15.

[43] 打造特色民宿　助力乡村振兴 [N]. 人民日报，2021-09-06.

[44] 耿步健，张晨. 人与自然和谐共生现代化的中华优秀传统生态文化基因 [J]. 云梦学刊，2023，44（1）：24-30.

[45] 柏振平. 乡村振兴背景下农村传统生态文化的传承必要性研究 [J]. 文化创新比较研究，2022，6（27）：178-181.

[46] 陈锡文. 乡村振兴应重在功能 [J]. 乡村振兴，2021（10）：16-18.

[47] 中共中央宣传部，中华人民共和国生态环境部. 生物多样性 100+ 全球案例选集 [EB/OL].（2021-09-27）. https://www.docin.com/p-2905312037.html.

[48] 中国农村网. 涉县石梯田：生态涵养　文化生根　产业开花 [EB/OL].（2023-07-21）. https://baijiahao.baidu.com/s?id=1771999258385578200&wfr=spider&for=pc.

[49] 付广华. 石漠化与乡土应对：石叠壮族的传统生态知识 [J]. 广西师范学院学报（哲学社会科学版），2017，38（6）：93-98.

[50] 农业农村部. 浙江省湖州市南浔区　江南水乡鱼桑文化体验之旅 [EB/OL].（2022-11-07）. http://www.moa.gov.cn/ztzl/2022qcz/202211/t20221107_6414906.htm.

[51] 光明网.「农遗之珍」桑基鱼塘：农遗瑰宝助力乡村发展 [EB/OL].（2023-10-24）. https://baijiahao.baidu.com/s?id=1780601571464299235&wfr=spider&for=pc.

[52] 中华民族生态文明智慧网. 湖州桑基鱼塘：穿越 2500 年的生态农业“活化石”[EB/OL].（2021-03-12）. https://cnwec.muc.edu.cn/info/1025/2294.htm.

[53] 以新型城镇化、乡村全面振兴双轮驱动促城乡融合 [N]. 中国城市报，2024-01-22.

[54] 乔洁，乐腾，岳贞. 乡村振兴视角下生态产品价值的实现机制探究 [J]. 农业与技术，2024，44（1）：158-161.

[55] 人民智库. 如何实现城乡融合发展和乡村振兴互促互进 [EB/OL].（2021-05-25）. https://mp.weixin.qq.com/s/XA9t9b2mJWb5z7j94oYUGw.

[56] 张燕. 新型城乡关系新在何处 [J]. 瞭望，2023，15.

[57] 发改委农经司. 产业联动　城乡融合——莱西市示范园推动城郊高质量融合发展 [EB/OL].（2022-10-20）. https://www.ndrc.gov.cn/fggz/nyncjj/zdjs/202210/t20221020_1338819.html.

[58] 盛世永昌 . 永昌县：城乡产业一体化融合发展助推乡村振兴 [EB/OL].（2023-10-04）. https://mp.weixin.qq.com/s?__biz=MzA4NDkzNjc4Mw==&mid=2650957076&idx=3&sn=6d851430edc35fe2482af3bdbb351167.
[59] 成都郫都区：创新探索走出“融合共享”内生型乡村振兴路 [N]. 中国改革报 . 2020-12-04.
[60] 交汇点 . 全域康居 美丽田园——中国式农村现代化的南京探索 [EB/OL].（2023-06-27）. http://www.jiangsu.gov.cn/art/2023/6/27/art_81590_10934064.html.
[61] 袁顺波 . 生态美、产业兴、百姓富——高质量绿色发展城乡融合创新的景宁样本 [EB/OL].（2022-11-07）. https://www.zjskw.gov.cn/art/2022/11/7/art_1229536517_49646.html.
[62] 吴倩茜 . 生态信用在金融助力生态产品价值实现中的应用浅析 [N]. 经济观察报，2023-02-06.
[63] 王宇飞，靳彤，张海江 . 探索市场化多元化的生态补偿机制——浙江青山村的实践与启示 [J]. 中国国土资源经济，2020，33（4）：29-34，55.
[64] 朱文啸 . 生态产品政府采购利益分配机制论析——以浙江省丽水市为例 [J]. 中共乐山市委党校学报，2023（2）.
[65] 包晓斌，朱小云 . 农业生态产品价值实现：困境、路径与机制 [J]. 当代经济管理，2023，45（9）：47-53.
[66] 赵艳霞，张则艺，吴红霞，等 . 乡村振兴目标下生态产品价值实现模式研究 [J]. 衡水学院学报，2024，26（1）：33-37.
[67] 李冬青，张明雪，侯玲玲 . 案例到规律：生态产品价值实现模式应用场景及其运行机制——基于典型案例文本数据的实证分析 [J/OL]. 生态学报，2024（7）：1-11.

后　记

本书由生态环境部环境与经济政策研究中心耿润哲、崔奇总体设计，具体分工如下：第一章由生态环境部环境与经济政策研究中心崔奇、常方和夏冰执笔，第二章由生态环境部环境与经济政策研究中心常方、郝亮执笔，第三章由生态环境部环境与经济政策研究中心崔奇、姜欢欢执笔，第四章由生态环境部环境与经济政策研究中心郝亮、姜欢欢执笔，第五章由生态环境部环境与经济政策研究中心姜欢欢、常方执笔，第六章由生态环境部环境与经济政策研究中心和夏冰、常方执笔，第七至八章由生态环境部环境与经济政策研究中心崔奇和夏冰执笔。本书由耿润哲、崔奇统一修改定稿。

在本书的撰写过程中，来自中国社科院农村发展研究所的于法稳研究员、山东大学黄河生态产品价值实现研究中心的张林波研究员、中国农业大学中国生态补偿政策研究中心的靳乐山教授、生态环境部环境规划院生态环境管理与政策研究的董战峰研究员、中国科学院成都山地所的鲁旭阳研究员、中国环境科学研究院生态文明研究中心的刘煜杰高级工程师、贵州省环境工程评估中心的何雪莲高级工程师等诸多专家对本书的修改完善提出了宝贵建议，中国环境出版集团在出版过程中给予了鼎力帮助。在此对上述单位和个人一并致以最诚挚的谢意！感谢所有对此书付出努力的研究机构和个人！

由于时间紧迫，水平有限，错误疏漏在所难免，以上初步研究恳请广大读者批评指正。